中国森林土壤信息图件

肖文发　王彦辉　程瑞梅　孙向阳　孙启武　等著

中国林業出版社

·北 京·

图书在版编目(CIP)数据

中国森林土壤信息图件 / 肖文发等著. —北京 : 中国林业出版社, 2020.12
ISBN 978-7-5219-0964-7

Ⅰ.①中… Ⅱ.①肖… Ⅲ.①森林土-土壤资源-中国-图集 Ⅳ.①S714-64

中国版本图书馆 CIP 数据核字(2020)第 264858 号

出版发行 中国林业出版社(100009 北京市西城区刘海胡同 7 号)
E-mail hepenge@163.com 电话 010-83143543
印 刷 三河市双升印务有限公司
版 次 2020 年 12 月第 1 版
印 次 2020 年 12 月第 1 次印刷
开 本 787mm×1092mm 1/16
印 张 9.25
字 数 237 千字
定 价 95.00 元

前　言

我国森林面积约 2.2 亿 hm^2，占国土面积的 22.9%，森林类型和森林土壤类型丰富多样。新中国成立初期，为适应和支撑国家建设和发展，老一辈森林土壤科学家于 20 世纪 50 年代对我国森林土壤的分布、性质及利用情况等做了大量的考察和调研，相关成果在我国林业建设中发挥了巨大作用。之后的几十年里，随着我国人口大量增加和经济快速发展，我国的天然林被大面积采伐，森林生态系统受到严重破坏；改革开放后，国家实施了一系列旨在恢复我国森林植被和保障国家生态安全的林业生态工程，在大力保护天然林的同时，新增了大面积的人工林，全国森林的面积、质量实现了长期的双增长。目前，森林面积已达到 2.2 亿 hm^2，森林覆盖率达到 23.04%，森林的功能也有了很大变化。但是，长期以来，我们对作为森林发生发展的基础林地土壤的变化却缺乏系统的调查和研究，虽然我国已经完成了全国土壤信息系统及相关图件的编撰，但其中森林土壤的信息仍十分薄弱，森林领域的工作也远远落后于农业土壤领域的相关工作，这直接影响了全球气候变化和可持续发展背景下的一系列涉林重大科学和技术问题的认知与研发，也极大地限制了我国林业的又好又快发展，成为影响林业可持续发展和国家生态文明建设的重大问题之一。

2014 年，科技部立项了科技基础性工作专项项目“中国森林土壤调查、标准规范及数据库构建”，旨在系统支持和推进对中国森林土壤资源和系统的了解与认知，支撑相关涉林重大科学与技术问题的研发，为保障和促进国家可持续发展提供基础信息资源。该项目由中国林业科学研究院森林生态环境与保护研究所牵头，中国林业科学研究院林业研究所和北京林业大学作为主要参加单位，还有东北林业大学、南京林业大学、中南林业科技大学、西北农林科技大学、西南林业大学、四川农业大学、河南科技大学、西藏农牧学院等国内主要农林大学以及湖北省林业科学研究院、重庆市林业科学研究院、中国林业科学研究院热带林业研究所、甘肃省祁连山水源涵养林研究院、宁夏回族自治区农林科学院固原分院、山东省林业科学研究院等林业科研单位合作参加，有 80 多人参与了此项工作。

考虑森林土壤分布的地带性与行政区划，充分结合前期基础和学科优势，对东北地区、华北地区、东南地区、华南地区、西南地区、华中地区、西北地区等 7 个地区开展了森林土壤典型调查，特别是针对典型森林开展了土壤剖面的调查和描述，相关成果汇总集成，形成此图件。本图件中土壤剖面的内容基本上包括调查林分所在地点的远景照片、林内照片、土壤剖面照片以及对土壤类型、采集地点、植被特征、剖面特征的描述等。

虽然国家生态文明建设对森林和林业提出了新的更高的要求，但是，中国的森林分布广、类型多、变化大，森林土壤的变化也很大，对中国森林土壤基础信息的系统认知和掌握，绝非一朝一夕可达。希望本图件的出版，可起到“窥一斑”的指示作用，能有助于相关的教学、科研和生产工作，发挥其科学和实用价值，也能为新时代可能的“中国高精度数字森林土壤系统”建设提供信息和信心基础，支撑和满足我国林业科技事业发展的一些迫切需求。

本书是在科技基础性工作专项项目（编号 2014FY120700）任务基础上，由中国林业科学研究院森林生态环境与保护研究所资助出版。

著　者

2020 年 10 月

目　录

第一章　绪　论

第一节　森林土壤调查的科技需求

我国疆域辽阔，林业用地面积约 3.2 亿 hm^2，森林土壤类型丰富多样。新中国成立初期，老一辈森林土壤科学家不畏艰苦，于 20 世纪 50 年代对我国森林土壤的分布、性质及利用情况等做了大量调研，相关成果在我国林业建设中发挥了巨大作用。在其之后的几十年里，随着我国人口大量增加和经济快速发展，木材需求量不断升高，导致我国天然林被大面积采伐或破坏，其中很大一部分变成了人工林，也有一部分变成了采伐迹地、次生林地、灌木林地、牧业和农业用地等，出现了森林土壤的瘠薄化、酸化、污染和水土流失、荒漠化以及生产和生态服务功能下降等严重问题；另一方面，随着改革开放后的“三北防护林”工程尤其进入 21 世纪后的“退耕还林”“天然林保护”等林业生态工程的实施，又新增了大面积的人工林，一些原有的过伐林、次生林的质量也得到了恢复或提高，导致了全国森林土壤的面积、质量和功能的很大变化。然而，我们对这些变化一直缺乏系统的调查和研究，无法定量描述、预测和评价，因此也就缺乏适应性管理的对策，成为限制我国林业可持续发展的重大问题。

长期以来，在我国林业发展规划及森林经营中，基本上是把变化相对缓慢的森林土壤质量看作不变的，在森林资源清查体系中也缺少土壤资源的系统调查，致使各地各类森林土壤的时空及质量变化不能被清楚地描述。例如，在《全球土壤数字制图计划》中，有关中国森林土壤的基础信息十分缺乏；再如，原国家林业局在制定《全国林地一张图》的框架时，发现森林土壤基本信息缺乏，难以配合整体系统进行功能设计。所以，对如何保护和利用我国珍贵的森林土壤资源，缺乏一套完整、合理的战略规划和技术措施。

我国几十年来一直在努力扩大人工林面积，将其作为解决木材短缺问题的重要途径，同时也是有效应对气候变化、保障区域生态安全、积极和科学履约的重要手段。根据第九次森林资源清查（2014~2018），我国人工林面积持续增加，已占全国林地面积的 36.45%，全球人工林总面积的 33.41%（国家林业和草原局，2019）。各地的人工林都具有各自的树种组成、生长速率、经营方式、经营强度等方面特点，由此导致了不清楚和原生植被（天然林、灌木、草地、农田等）相比而言的土壤质量改善或退化的面积与程度，这限制着对人工林经营综合影响的评价和预测。

森林具有独特的涵养水源、调节水文功能，这个功能大小主要取决于森林土壤的组成、结构与性质。营建和保护森林会改善森林土壤水文物理性质，但土壤侵蚀造成的土壤变薄和采伐作业导致的土壤压实等会降低森林水源涵养能力。如果缺乏对森林土壤水文物理性质变化的了解，必然导致流域和区域的水资源与森林资源综合管理的决策基础弱化。

随着对林业积极减缓、应对和适应气候变化的重视程度不断提高，森林土壤在森林生态系统碳汇中的主体地位不断得到认可和重视。据 IPCC 估计，在全球陆地生态系统的碳贮量(约 2477 Gt C)中，土壤碳贮量约占 80%。森林土壤碳贮量约占全球土壤碳贮量的 39%，其微小变化均可导致大气 CO_2 浓度的较大波动，影响温室效应和全球气候变化。在 20 世纪 80 年代以来，对森林土壤碳库有很多估算，但还比较粗略，误差较大，需尽快开展我国森林土壤固碳功能形成机制、碳储量估算及其分布格局变化等研究。在我国森林土壤的碳研究和计量方面，均存在较大争议和不确定性，需在国家或区域尺度上开展典型森林土壤的碳储量调查，以为国际谈判和我国森林管理决策等提供重要的科技支撑。

在我国主要林区采集和了解森林土壤剖面特征，对指导森林合理经营和森林土壤资源优化利用都有重要的理论与实用价值。自 20 世纪 50 年代以来，我国森林土壤工作者曾在主要林区采集了一定数量的土壤整段标本，是非常珍贵的历史科技资源。然而，这些标本目前多零星保存在各采集单位，只能起到一定的陈列展示作用，未能充分发挥本应发挥的多种科技作用。由于近几十年来我国林地和森林质量均发生了显著变化，从这点来说也需要补充采集以前缺乏或较少调查林区的土壤，汇集成为面向学科发展和国家建设需求、质量可靠、社会共享的森林土壤数据库(包括基本信息、理化性质、剖面图片等)。

总而言之，对我国主要林区的各类森林土壤资源的本底状况、质量水平、功能变化等方面的系统性调查研究的缺乏，严重限制着我国森林土壤资源的合理与永续利用。因此，迫切需要建立统一的森林土壤调查、评价方法技术体系，集成利用历史资料和最新调查成果，构建一个相对完善的相关数据集，形成一套中国森林土壤的信息图件与编目成果，定量认识和评价我国各类森林土壤资源的现状、利用和变化状况，以便更好地服务于我国林业可持续发展决策。

第二节　国内外发展趋势

一、国内发展趋势

在新中国成立以来，我国林业部门十分重视森林土壤调查研究及土壤剖面信息和整段标本的收集。在 20 世纪 50 年代，受前苏联林型土壤专家的影响，我国森林土壤工作者基于森林生物地理群落的学术观点，开展了森林土壤与森林分布及林木生长关系的调查，当时调查工作主要在我国东北、西南和西北天然林区开展，根据主要林型中的森林土壤自然地理特点和剖面性状，采集土壤样本，分析理化性质，论证森林土壤与森林分布、林木生长及经营利用的关系(林业部调查设计局，1954 ~ 1958；熊叶奇等，1958；刘寿坡，1960)。

随着我国森林经营水平的提高，在 20 世纪 60 年代初期，我国开始了天然次生林区、人工林区和水土保持林区的土壤立地条件调查研究。调查区域包括东北东部山地次生林区、华北山地及黄土高原水土保持林区，研究了造林立地类型划分及对应的造林技术，为这些地区的水土保持林营造提供了科学依据和技术措施(熊叶奇，1963；张万儒，1964；马溶之，1965)。

自20世纪80年代以来，为了营造人工林特别是速生丰产林，以解决木材供给不足的问题，开展了造林立地分类研究，在华北、东北及江南广大地区，进行了土壤调查，分析与造林有关的土壤理化性质，按立地类型收集了森林土壤标本，在此基础上提出了我国东部地区的森林立地类型划分标准(沈国舫等，1985；中国森林立地分类编写组，1989；张万儒等，1991；1992；1997)。为满足森林经营需要，我国自20世纪60年代以来，先后编制了不同比例尺的森林立地类型图。

2008~2011年，国内的林业高校和科研单位进行了有限规模的全国森林土壤资源调查和标本搜集，取得了上百个土壤整段标本和上万个土壤性质数据。但由于研究经费严重不足，此项工作并未系统展开。

综上所述，自新中国成立以来，我国森林土壤调查研究一直受到重视。先后由中国林业科学研究院负责主编了《中国森林土壤》《中国森林立地》《中国主要造林树种土壤条件》《中国山地森林》等巨著，在支持我国林业建设和生态环境保护中发挥了重要作用。

然而，受限于当时的人力、物力、财力、技术水平及设备条件，前辈们只能在有限范围内进行森林土壤调查，还不可能完整、系统地了解和描述全国范围内各类森林土壤的分布、面积、质量及利用等情况；即便是已调查和制图的区域，在过去几十年内也发生了土地利用、森林结构、土壤质量的巨大变化，也急需重新进行森林土壤调查与评价，以便满足我国林业发展的迫切需求。

二、国外发展趋势

在德国、美国、英国、加拿大、日本、俄罗斯等林业发达国家，都十分重视森林土壤的定期监测评价和以此为基础的合理利用。德国很多州都基于森林土壤调查结果进行了森林立地分类，约每15年进行一次森林土壤资源清查；日本重视基于森林土壤调查资料编制森林立地类型图；美国和加拿大重视基于森林土壤的立地类型划分和评价来提出适地适树及具体森林经营技术(波格来勃涅克，1959；黄瑞采，1979；Spurr，1980；Killiam，1981；Frey，1985；Barger，1972；张万儒等，1980；Eswaran，2002)。林业发达国家已广泛运用3S技术来编制森林土壤的分布图、利用现状图、生产力图等，发挥了巨大作用(张晓丽等，1998；余其芬等，2003；马明东等，2006；Shi et al.，2010；蒋航等，2010；丰绪霞等，2010；Xu et al.，2011)。这些林业发达国家也十分重视森林土壤标本的采集和标本馆建设，并在林业建设和科研教学中发挥着重要作用，如俄罗斯的森林土壤标本馆。

为在深入理解森林土壤质量及功能动态的基础上实现森林土壤合理利用与长期保护，森林土壤学这个传统学科正面临着加速发展的要求，不断与数学、物理学、生态学等相关学科融合。森林土壤合理利用的数字化、信息化及模式化发展，已成为世界林业可持续发展和森林可持续经营的重要基础，所有这些都需要开展广泛而准确的森林土壤调查、监测和评价。

第二章　东北地区

第一节　区域介绍

中国东北地处欧亚大陆东缘，地域辽阔，在 E 115°5′~135°2′、N 38°40′~53°30′之间，面积约为 129 万 km^2。本区包括黑龙江、吉林、辽宁 3 省和内蒙古自治区东北部的大兴安岭地区。地质构造复杂，主要由东北台块、华北台块和东西两侧的地槽组成，西侧为大兴安岭和内蒙古褶皱带，东侧为太平岭和乌苏里褶皱带。

东北地域广阔，由于东西南北的跨越很大，有明显的水热分布差异。大部分地区处在中温带，仅大兴安岭北部地区为北温带，主要气候类型为温带季风气候 冬季长达半年以上，雨量集中于夏季。气候资源特点：①本地区热量资源较少，是全国热量资源较少的地区，≥0℃积温 2500~4000 ℃，无霜期 90~180 天；②夏季气温高，冬季漫长气候严寒，春、秋季时间短；③年降水量为 400~1000 mm，由东向西减少，可分为湿润区、半湿润区和半干旱区；④太阳辐射量为 4800~5860 MJ/(m^2·年)，与全国同纬度地区相比偏少。

东北地区森林蕴含量丰富，主要分布在大小兴安岭和长白山地区，主要包括辽宁、吉林、黑龙江 3 个省和内蒙古自治区东部地区，土地面积约占到国土面积的一成左右，森林覆盖率 40.22%。植被从北到南有寒温带针叶林、温带针叶阔叶混交林和暖温带落叶阔叶林；从东到西有森林、草甸草原和典型草原。

在东北林区开展了典型群落下森林土壤的调查工作，调查的主要土壤类型包括棕色针叶林土、漂灰土、暗棕壤、棕壤、白浆土、草甸土、沼泽土。以区域地貌为主要考虑因素，将东北林区划分为大兴安岭、小兴安岭、长白山地(含张广才岭-老爷岭-完达山)、辽西山地 4 个调查区。

大兴安岭北部寒温带针叶林区调查涉及：高海拔偃松林(原始)/偃松-落叶松-白桦林(干扰，幼林-成林)，漂灰土；低山丘陵区杜鹃-落叶松林(原始)/白桦-落叶松林(干扰)/杜香-落叶松林(原始)/杨桦林(幼林-成林)，棕色针叶林土/表潜棕色针叶林土；低山丘陵区草类落叶松林(原始-干扰，幼林-成林)，生草棕色针叶林土；火烧迹地序列(迹地-灌丛白桦幼林)。

小兴安岭温带针阔叶混交林区调查涉及：阳陡坡羊胡子薹草-红松林(原始)/次生杨桦林(幼林-成林)/蒙古栎林(幼林-成林)/蒙古栎灌丛，薄层暗棕壤；阳坡椴树红松林(原始)/次生杨桦林(幼林-成林)/蒙古栎林(幼林-成林)，中层暗棕壤；阴坡椴树-枫桦-红松林(原始)/次生杨桦林(幼林-成林)，中层、厚层暗棕壤；阴坡云冷杉红松林(原始)/次生杨桦林(幼林-成林)，潜育暗棕壤；沟谷云冷杉林(原始，幼林-成林)，森林潜育土；落叶松林(过火迹地，幼林-成林)，暗棕壤，潜育暗棕壤；沟谷草甸(五花草塘)，草甸土；沟谷沼泽(塔头薹草沼泽)，沼泽土。

张广才岭-老爷岭-完达山温带针阔叶混交林区调查涉及：蒙古栎林，暗棕壤性土/薄层暗棕壤/中层暗棕壤；白桦林，薄层暗棕壤/中层暗棕壤/厚层暗棕壤/白浆化暗棕壤/潜育暗棕壤；山杨林，暗棕壤/白浆化暗棕壤；软阔叶混交林(杂木林)，暗棕壤/白浆化暗棕壤/潜育暗棕壤；硬阔叶混交林(水胡黄)，暗棕壤/白浆化暗棕壤/潜育暗棕壤；阔叶红松林(原始林残余林相)，暗棕壤。云冷杉林(高海拔，黄泥河)，棕色针叶林土；云冷杉林(沟谷)，潜育暗棕壤/沼泽土。

长白山温带针阔叶混交林区调查涉及：蒙古栎林(干扰次生，中林-成过)，白浆土，白浆化暗棕壤，暗棕壤，暗棕壤性土；白桦林(次生，幼林-成林)，白浆土，白浆化暗棕壤，暗棕壤，潜育暗棕壤沼泽土；山杨林(次生，幼林-成林)，白浆土，白浆化暗棕壤，暗棕壤；软阔叶混交林(次生，杂木林，幼林-成林)，白浆土，白浆化暗棕壤，暗棕壤，潜育暗棕壤沼泽土；硬阔叶混交林(干扰次生，水胡黄，幼林-成林)，白浆土，白浆化暗棕壤，暗棕壤，潜育暗棕壤；沟谷落叶松林(干扰，次生，幼林-成林)，潜育白浆土沼泽土；原始红松阔叶林(原始)，白浆土，白浆化暗棕壤，暗棕壤；山地云冷杉林(高海拔，原始)，棕色针叶林土；山地岳桦疏林(高海拔，原始)，亚高山疏林草甸土

辽西山地林区调查涉及：油松林(中幼-成林)，棕壤、简育棕壤、棕壤性土。栎林(蒙古栎、辽东栎、槲栎，中幼-成林)，棕壤、简育棕壤、棕壤性土 ；山杨林(幼林-成林)，棕壤、简育棕壤、棕壤性土 ；糠椴林(中幼-中龄林)，棕壤、暗厚棕壤；落叶阔叶混交林(杂木林，栎类、椴类、山杨、春榆、花曲柳、黑桦、黄波罗、稠李 、怀槐等，中幼-成林)，棕壤、简育棕壤、棕壤性土 ；灌丛(荆条灌丛、榛子灌丛、山杏灌丛等)，简育棕壤、棕壤性土，粗骨土，石质土。

第二节　暗棕壤

剖面 1

类型：暗棕壤(中国土壤发生分类，1987)

暗沃冷凉湿润雏形土(中国土壤系统分类，1995)

采自黑龙江丰林国家级自然保护区，母岩为花岗岩，坡积母质。

植被类型主要为原始林地，典型的原始阔叶红松林群落，郁闭度 0.8~0.9。

乔木：红松、臭冷杉、鱼鳞云杉、红皮云杉、籽椴、枫桦、青楷槭等；

灌木：花楷槭、五角槭、爆马丁香、毛榛子、刺五加、金银木、狗枣猕猴桃等；

草本：鳞毛蕨、猴腿蕨、少量薹草等。

土壤剖面描述：

A_0 层，6±2~0 cm，颜色(湿)棕，润，层次过渡不明显，疏松，轻壤，根量少，无碳酸盐反应，无新生体，无侵入体。

A_1 层，0~18 cm，颜色(湿)暗棕色，潮，层次过渡不明显，疏松，粒状结构，无碳酸盐反应，石砾含量 2%，中壤，根量多，无新生体，无侵入体。

AB 层，18~35 cm，颜色(湿)黄褐，潮，层次过渡不明显，适中，粒状结构，无碳酸盐反应，石砾含量 5%~15%，中壤，根量中，无新生体，炭粒。

B 层，35~55 cm，颜色(湿)黄棕，潮，层次过渡不明显，紧实，核状结构，无碳酸盐反应，石砾含量 35%~55%，砂壤，根量少，无新生体，炭粒。

BC 层，55~68 cm，颜色(湿)黄褐，潮，层次过渡不明显，紧实，核状结构，无碳酸盐反应，石砾含量 55%~75%，砂壤，无根系，二氧化硅粉末，无侵入体。

C 层，>68 cm，颜色(湿)黄褐，潮，层次过渡不明显，松散，核状结构，无碳酸盐反应，石砾含量 95%，砂质，无根系，无新生体，无侵入体。

暗棕壤剖面 1

剖面综合特征：阴坡中下部，排水良好。A_{11} 层腐殖质含量高，A_{12} 层向下过渡不明显，B 层发育较明显。B 层以下多砂砾石。A_1-AB 层炭屑侵入现象明显。

剖面 2

类型：暗棕壤(中国土壤发生分类，1987)

暗沃冷凉湿润雏形土(中国土壤系统分类，1995)

采自黑龙江凉水国家级自然保护区，残积-坡积母质，母岩为花岗岩。

植被类型主要为原始林地，典型的原始阔叶红松林群落，郁闭度 0.8~0.9。

乔木：红松、鱼鳞云杉、红皮云杉糠椴、五角槭、榆树、水曲柳等；

灌木：毛榛子、花楷槭、刺五加、金银木等；

草本：少量薹草、窄叶荨麻等，地面无苔藓。

土壤剖面描述：

A_0 层，3±1~0 cm，润，层次过渡明显，疏松，轻壤，根量少，无碳酸盐反应，无新生体，无侵入体。

A_1 层，0~18 cm，潮，层次过渡不明显，疏松，粒状结构，无碳酸盐反应，石砾含量 5%，中壤，根量多，无新生体，炭屑。

暗棕壤剖面 2

B 层，18~40 cm，潮，层次过渡不明显，紧实，核状结构，无碳酸盐反应，石砾含量 25%~45%，中壤，根量中，胶膜、二氧化硅粉末，无侵入体。

BC 层，40~60 cm，潮，层次过渡不明显，紧实，块状结构，无碳酸盐反应，石砾含量 45%~85%，砂壤，少量根，二氧化硅粉末，无侵入体。

C 层，>60 cm，潮，层次过渡不明显，松散，无碳酸盐反应，石砾含量 100%，砂质，少量根，无新生体，无侵入体。

剖面综合特征：阳坡中下部，凸形坡，坡度较大，排水良好，地面无可见侵蚀。A_0 层较薄，A_{11} 层腐殖质含量高，向下过渡较暗棕壤其他剖面明显(可能是潜蚀速度较快导致 AB 层很难划分)；B 层发育较明显，松散的核状结构表面有黏粒胶膜和二氧化硅粉末淀积；B 层以下多砂砾石，C 层向基岩过渡有残积特征。A_1 层炭屑侵入现象明显。剖面夏季湿润，秋季较干燥。

剖面 3

类型：暗棕壤(中国土壤发生分类，1987)

暗沃冷凉湿润雏形土(中国土壤系统分类，1995)

采自黑龙江帽儿山实验林场，坡度 15°~18°，母岩为花岗岩，坡积-残积物母质。

植被类型主要为天然次生林，郁闭度 0.7~0.8。

乔木：白桦、蒙古栎、山杨、春榆等；

灌木：爆马丁香、茶条槭、柳叶绣线菊等；

草本：羊胡子薹草、凸脉薹草等。

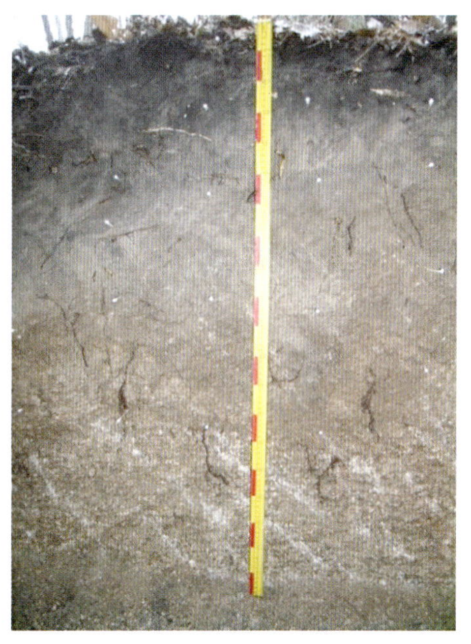

暗棕壤剖面 3

土壤剖面描述：

A_0 层，3±1~0 cm，颜色(湿)棕，润，层次过渡不明显，疏松，轻壤，少量根，无碳酸盐反应，无新生体，无侵入体。

A_1 层，0~12 cm，颜色(湿)暗灰，潮，层次过渡不明显，疏松，粒状结构，无碳酸盐反应，石砾含量 0%~5%，中壤，根量多，无新生体，炭屑。

AB 层，12~30 cm，颜色(湿)棕灰-灰棕，潮，层次过渡不明显，适中，粒状结构，无碳酸盐反应，石砾含量 5%~10%，轻壤，根量中，无新生体，炭屑。

B 层，30~50 cm，颜色(湿)淡灰棕，潮，层次过渡不明显，紧实，稍有核状结构、粒状结构，无碳酸盐反应，石砾含量 35%~55%，砂壤，根量少，胶膜，无侵入体。

BC 层，50~65 cm，颜色(湿)褐棕，潮，层次过渡不明显，紧实，稍有核状结构，无碳酸盐反应，石砾含量 65%~80%，砂质，根量少，胶膜，无侵入体。

C 层，65~100 cm，颜色(湿)棕，潮，层次过渡不明显，紧实，无碳酸盐反应，石砾含量95%~100%，砂质，根量少，无新生体，无侵入体。

剖面综合特征：剖面分布在上坡部位，基本没有堆积条件，排水良好。A_1层较薄（但厚度变化较大），团粒结构，疏松，颜色较深；AB层为过渡层，粗砂含量开始增多，粒状结构；B层粗砂含量高，有较明显的黏粒淀积和不甚明显的核状结构；BC层发育程度较B层更浅些，属于过渡层；C层主要为粗砂石砾，向下过渡到基岩，有残积特征。

剖面4

类型：白浆化暗棕壤（中国土壤发生分类，1987）

漂白冷凉湿润雏形土（中国土壤系统分类，1995）

采自黑龙江帽儿山实验林场老山站，母岩为花岗岩，冰碛-坡积物母质。

植被类型主要为天然次生林，郁闭度0.8。

乔木：蒙古栎、山杨、白桦、春榆、水曲柳、花曲柳、椴树、色木槭、白牛槭及青楷槭、山槐等；

灌木：暴马丁香、茶条槭、柳叶绣线菊、佛头花、卫矛、暖木条、灯笼果、山高粱、乌苏里绣线菊、早花忍冬、毛榛、东北山梅花、刺五加等；

草本：毛缘薹草、凸脉薹草等。

白浆化暗棕壤剖面4

土壤剖面描述：

A_0层，3±1~0 cm，颜色（湿）棕，润，层次过渡不明显，疏松，轻壤，根量少，无碳酸盐反应，无新生体，无侵入体。

A_1层，0~22 cm，颜色（湿）暗橄灰，潮，层次过渡不明显，疏松，粒状结构、下部块状结构，无碳酸盐反应，石砾含量0%~5%，中壤，根量多，无新生体，炭屑。

A_w层，22~50 cm，颜色（湿）淡橄棕，颜色（干）灰白，潮，层次过渡不明显，适中，块状、粒状结构，无碳酸盐反应，石砾含量15%~30%，轻壤，根量中，锈斑，炭屑。

B层，50~75 cm，颜色（湿）棕-淡灰棕，潮，层次过渡不明显，紧实，核状结构，无碳酸盐反应，石砾含量35%~55%，重壤，根量少，胶膜，无侵入体。

C层，>75 cm，潮，层次过渡不明显，适中，无碳酸盐反应，石砾含量35%~55%，砂壤，根量少，无新生体，无侵入体。

剖面综合特征：剖面分布在山坡中上部缓台位置，有堆积条件，排水中等或不良。A_1层较厚，团粒结构，疏松，颜色较深；A_w层为白浆化层，石砾含量开始增多，粒状-块状结构，细土部分质地较轻；B层有较明显的黏粒淀积和核状结构；C层粗砂泥砾混杂，有冰碛物特征。剖面20 cm以下多大砾或巨砾，难以挖掘出完整的剖面。

剖面 5

类型：白浆化暗棕壤（中国土壤发生分类，1987）

漂白冷凉湿润雏形土（中国土壤系统分类，1995）

采自黑龙江尚志市亚布力镇，母岩为花岗岩，冰碛-坡积物母质。

植被类型主要为红松人工林，郁闭度 1.0。

乔木：红松等；

灌木：色木槭、茶条槭等；

草本：少量薹草等。

土壤剖面描述：

白浆化暗棕壤剖面 5

A_0 层，5±1~0 cm，颜色（湿）棕，润，层次过渡不明显，疏松，轻壤，无根系，无碳酸盐反应，无新生体，无侵入体。

A_1 层，0~15 cm，颜色（湿）暗灰-灰，潮，层次过渡不明显，疏松，粒状结构，无碳酸盐反应，石砾含量 0%，中壤，根量多，无新生体，炭屑。

A_w 层，15~45 cm，颜色（湿）橄棕，颜色（干）灰白，潮，层次过渡不明显，适中，片状、粒状结构，无碳酸盐反应，石砾含量 0~50%，轻壤，根量中，无新生体，炭屑。

B 层，>45 cm，潮，层次过渡不明显，无碳酸盐反应，砂质，根量少，无新生体，无侵入体。

剖面综合特征：剖面分布在山前缓丘下部，与沟谷地形过渡处，地表排水良好，但土壤亚表层径流在此汇聚，故湿度较高。A_1 层团粒结构，疏松，腐殖质含量高，颜色较深；A_w 层片结构，约含 50%巨砾（可能是冰漂巨砾），湿态灰黄，干态灰白色；由于巨砾原因，B 层未挖出。

剖面 6

类型：白浆化暗棕壤（中国土壤发生分类，1987）

漂白冷凉湿润雏形土（中国土壤系统分类，1995）

采自黑龙江牡丹江市北山，母岩为花岗岩，冰碛-坡积物母质。

植被类型主要为天然次生林，郁闭度 0.8。

乔木：白桦、山杨、春榆、椴树、色木槭、白牛槭、山槐、蒙古栎、落叶松等；

灌木：色木槭、茶条槭、爆马丁香、卫矛等；

草本：少量薹草等。

土壤剖面描述：

A_0 层，3±1~0 cm，颜色（湿）棕，润，层次过渡不明显，疏松，轻壤，无根系，无碳酸盐反应，无新生体，无侵入体。

A_1层，0～15 cm，颜色(湿)暗灰，潮，层次过渡不明显，疏松，粒状结构，无碳酸盐反应，石砾含量0%，中壤，根量多，无新生体，炭屑。

A_w层，15～35 cm，颜色(湿)淡灰棕，颜色(干)灰白，潮，层次过渡不明显，适中，片状、粒状结构，无碳酸盐反应，石砾含量5%～25%，轻壤，根量中，无新生体，炭屑。

B层，35～58 cm，颜色(湿)棕，潮，层次过渡不明显，紧实，无碳酸盐反应，石砾含量30%～50%，砂质，根量少，无新生体，无侵入体。

C层，58～100 cm，颜色(湿)橄棕，潮，层次过渡不明显，松散，无碳酸盐反应，石砾含量50%～80%，根量少，无新生体，无侵入体。

白浆化暗棕壤剖面6

剖面综合特征：山前缓坡(扇形地)中下部，排水条件一般。A_1层团粒结构，疏松，腐殖质含量高，颜色较深；A_w层片结构，砂砾含量渐增，湿态灰黄，干态灰白色；B层砂砾含量，但核状结构和胶膜淀积明显；C层为砂砾质风化物。

剖面7

类型：草甸暗棕壤(中国土壤发生分类，1987)

斑纹冷凉湿润雏形土(中国土壤系统分类，1995)

采自黑龙江凉水国家级自然保护区，海拔326.0m，经纬度N 47°10.231′、E 128°51.736′，坡度3°～5°，母质种类：第四纪近期淤积物(已经脱离现代沉积环境)。

植被类型主要为灌木及草本。

灌木：珍珠梅、毛赤杨、灌木柳等；

草本：小叶章、大叶章、蒙古蒿、万年蒿及少量的薹草等。

土壤剖面描述：

A_0层，不明显，颜色(湿)暗棕，润，层次过渡不明显，疏松，轻壤，无碳酸盐反应，无新生体，无侵入体。

草甸暗棕壤剖面7

A_1层，0～18 cm，颜色(湿)暗棕灰，潮，层次过渡不明显，疏松，粒状结构，无碳酸盐反应，根盘结，石砾含量0%，中壤，根量多，无新生体，炭屑。

A_2层，18～40 cm，颜色(湿)暗灰，潮，层次过渡不明显，适中，片状、块状结构，无碳酸盐反应，石砾含量5%，中壤，根量中，锈斑，炭屑。

AB层，40~45 cm，颜色(湿)锈棕，潮，层次过渡不明显，适中，块状结构，无碳酸盐反应，石砾含量5%~10%，中壤，根量少，锈斑，炭屑。

B层，45~60 cm，颜色(湿)棕-锈棕，潮，层次过渡不明显，适中，核状结构，无碳酸盐反应，石砾含量10%~15%，重壤，根量少，锈斑、斑纹，无侵入体。

C_1层，60~75 cm，颜色(湿)橄棕-锈棕，潮，层次过渡不明显，适中，核状结构，无碳酸盐反应，石砾含量20%~30%，砂壤，无根系，锈斑、斑纹，无侵入体。

C_2层，>75 cm，颜色(湿)橄棕-锈棕，潮，层次过渡不明显，适中，块状结构，无碳酸盐反应，石砾含量20%~30%，砂壤，无根系，锈斑、斑纹，无侵入体。

剖面综合特征：漫岗缓坡，夏季排水不良，但秋季多余水分基本排除。O层为枯落物层，不明显；A_{11}层为腐殖质亚层，上部约5 cm根系盘结，团粒结构；A_{12}层为腐殖质亚层，深灰色块状-片状结构，向下过渡稍明显；B层核状结构较明显，有大量锈斑和冻融斑纹；C层也大量锈斑和冻融斑纹。

剖面8

类型：潜育暗棕壤(中国土壤发生分类，1987)

暗沃简育滞水潜育土(中国土壤系统分类，1995)

采自黑龙江帽儿山实验林场，现代溪流冲积淤积物母质。

植被类型主要为天然硬阔叶林，郁闭度0.6~0.8。

乔木：水曲柳；

灌木：灯笼果、山高粱、乌苏里绣线菊、刺五加等；

草本：薹草、山尖子等。

土壤剖面描述：

A_0层，1±0.5~0 cm，颜色(湿)棕，润，层次过渡不明显，疏松，无根系，无碳酸盐反应，石砾含量0%，无新生体，无侵入体。

潜育暗棕壤剖面8

A_{11}层，0~25 cm，颜色(湿)暗灰-灰棕，潮，层次过渡明显，粒状、块状结构，疏松，无碳酸盐反应，根量多，石砾含量15%~30%，砂壤，无新生体，炭屑。

A_{12}层，25~45 cm，颜色(湿)暗灰-灰黑，潮，层次过渡不明显，适中，块状、粒状结构，根量中，无碳酸盐反应，石砾含量2%~5%，中壤，锈斑，炭屑。

A_{13}层，45~60 cm，颜色(湿)暗灰，潮，层次过渡明显，适中，块状、核状结构，根量少，无碳酸盐反应，石砾含量5%~10%，中壤，锈斑，炭屑。

C_{g1}层，60~85 cm，颜色(湿)锈棕-橄棕，潮，层次过渡明显，块状结构，紧实，根量少，无碳酸盐反应，石砾含量2%~5%，轻壤，锈斑，无侵入体。

C_{g2} 层，85~105 cm，颜色(湿)棕-褐棕，潮，层次过渡明显，松散，根量少，无碳酸盐反应，石砾含量 45%~85%，砂壤，锈斑，无侵入体。

C_{g3} 层，105 cm 以下，颜色(湿)橄棕-灰黄，潮，层次过渡明显，松散，无根系，无碳酸盐反应，石砾含量 85%，砂质，锈斑，无侵入体。

剖面综合特征：剖面分布在溪谷两岸，历史上曾有多次因上游侵蚀而导致的堆集，地表排水一般，春夏季水分过多，秋季多余水分基本排除。A_{11} 层团粒-块状结构，系由多个冲溪流积层构成-粗砂与细土相间，向下过渡较明显；A_{12} 层颜色最深，粒状结构，粗砂石砾很少，有很多炭屑；A_{13} 层有不明显的核状-埋层接受淀积特征，所以土壤定名为雏形土；C_{g1} 粗砂石砾很少，C_{g2} 亚层则很多粗砂石砾。剖面大部分都有锈斑。

剖面 9

类型：潜育暗棕壤(中国土壤发生分类，1987)

暗沃简育滞水潜育土(中国土壤系统分类，1995)

潜育暗棕壤剖面 9

采自黑龙江牡丹江市横道河子镇，现代溪流冲积淤积物。

植被类型主要为天然硬阔叶林，郁闭度 0.8。

乔木：水曲柳、春榆；

灌木：暴马丁香、榛子、稠李、早花忍冬、卫矛、佛头花、灯笼果、山高粱、乌苏里绣线菊、刺五加等；

草本：薹草、水金凤等。

土壤剖面描述：

A_0 层，1±0.5~0 cm，颜色(湿)棕，润，层次过渡不明显，疏松，无根系，无碳酸盐反应，石砾含量 0%，无新生体，无侵入体。

A_{11} 层，0~10 cm，颜色(湿)橄灰，潮，层次过渡不明显，粒状、块状结构，疏松，无碳酸盐反应，根量多，石砾含量 0%，轻壤，无新生体，炭屑。

A_{12} 层，15~35 cm，颜色(湿)橄灰-橄棕，潮，层次过渡不明显，块状、片状结构，适中，根量中，无碳酸盐反应，石砾含量 2%~5%，中壤，锈斑，炭屑。

A_{13} 层，35~48 cm，颜色(湿)暗灰，潮，层次过渡明显，粒状、核状结构，适中，根量少，无碳酸盐反应，石砾含量 2%~5%，重壤，锈斑，炭屑。

C_{g1} 层，48~70 cm，颜色(湿)锈棕-橄灰，潮，层次过渡明显，块状、核状结构，紧实，根量少，无碳酸盐反应，石砾含量 2%~5%，中壤，锈斑，无侵入体。

C_{g2} 层，70~100 cm，颜色(湿)棕-褐棕，潮，层次过渡明显，块状、核状结构，松散，根量少，无碳酸盐反应，石砾含量 45%~65%，砂壤，锈斑，无侵入体。

剖面综合特征：剖面分布在溪谷两岸，历史上曾有多次因上游侵蚀而导致的堆集，地表排水一般，春夏季水分过多，秋季多余水分基本排除。A_{11} 层团粒结构，向下过渡不明显；A_{12} 层系由多个冲溪流积层构成-白浆质（其上游为白浆化暗棕壤）与腐殖质土层相间，片状块状结构，粗砂石砾很少，有炭屑；A_{13} 层有不明显的核状-埋层接受淀积特征，所以土壤定名为雏形土；C_{g1} 粗砂石砾很少，C_{g2} 亚层则很多粗砂石砾。剖面大部分都有锈斑。

剖面 10

类型：（埋层）潜育暗棕壤（中国土壤发生分类，1987）

暗沃简育滞水潜育土（中国土壤系统分类，1995）

采自黑龙江凉水国家级自然保护区，母岩为花岗岩，坡积-淤积母质。

植被类型主要为林地，林下苔藓繁茂，郁闭度 0.7～1.0。

乔木：红皮云杉、鱼鳞云杉、臭冷杉、白桦、枫桦、青楷槭、花楷槭、五角槭、山榆等；

灌木：卫茅、爆马丁香、毛赤杨、毛榛子、刺五加等；

草本：毛缘薹草、木贼、轮叶百合、粗茎鳞毛蕨；苔藓类：万年藓、树藓、塔藓、拟垂枝藓、赤茎藓等。

（埋层）潜育暗棕壤剖面 10

土壤剖面描述：

A_0 层，5±2～0 cm，颜色（湿）棕，潮，层次过渡不明显，松散，根量少，无碳酸盐反应，无新生体，无侵入体。

A_1 层，0～22 cm，颜色（湿）暗棕灰，湿，层次过渡不明显，上部粒状、下部块状结构，疏松，无碳酸盐反应，根量多，石砾含量 0%，中壤，锈斑，炭粒。

AB 层，22～45 cm，颜色（湿）橄灰-棕，湿，层次过渡不明显，块状、粒状结构，适中，根量中，无碳酸盐反应，石砾含量 5%，中壤，锈斑、Fe、Mn 胶膜，炭粒。

$A_{埋}$ 层，45～60 cm，颜色（湿）暗灰，湿，层次过渡不明显，块状、核状结构，适中，根量少，无碳酸盐反应，石砾含量 0%，重壤，锈斑、Fe/Mn 胶膜，炭粒。

$B_{埋}$ 层，60～90 cm，颜色（湿）棕，湿，层次过渡不明显，核状结构，紧实，无根系，无碳酸盐反应，石砾含量 60%，重壤，Fe、Mn 胶膜，炭粒。

C 层，>90 cm，颜色（湿）橄棕，湿，层次过渡不明显，块状结构，适中，无根系，无碳酸盐反应，石砾含量 90%，砂质，无新生体，无侵入体。

剖面综合特征：地势较低，坡积埋藏现象明显，有历史上的埋藏土层，埋藏层多位于现代淀积积层位置-接收现代淀积作用（故有观点认为是腐殖质淀积层）。土壤较湿，季节性潜育现象明显；滞水水线 $B_{埋}$ 上部（有水渗出）。出现在炭屑侵入现象明显。

剖面 11

类型：暗棕壤性土（中国土壤发生分类，1987）

湿润正常新成土（中国土壤系统分类，1995）

采自黑龙江丰林国家级自然保护区，母岩为花岗岩，残积母质。

植被类型主要为原始林地，坡顶-低山山脊红松原始林。郁闭度 0.7~0.9。

乔木：红松、鱼鳞云杉、枫桦、籽椴、花楷槭、五角槭、山榆等；

灌木：爆马丁香、毛赤杨、毛榛子、兴安杜鹃等；

草本：羊胡子薹草、乌苏里薹草等。

土壤剖面描述：

A_0 层，5±2~0 cm，颜色（湿）棕，稍润，层次过渡不明显，疏松，根量少，无碳酸盐反应，无新生体，无侵入体。

A_1 层，0~12 cm，颜色（湿）暗灰，潮，层次过渡不明显，上部粒状、下部块状结构，疏松，无碳酸盐反应，根量多，石砾含量 0%，中壤，无新生体，炭粒。

暗棕壤性土剖面 11

AC 层，12~35 cm，颜色（湿）灰棕-棕，潮，层次过渡不明显，块状、粒状结构，适中，根量中，无碳酸盐反应，石砾含量 5%~10%，轻壤，无新生体，炭粒。

C_1 层，35~47 cm，颜色（湿）棕，润，层次过渡不明显，块状结构，紧实，根量少，无碳酸盐反应，石砾含量 95%，砂质，锈斑呈线状分布在 C_1-C_2 之间，无侵入体。

C_2 层，>47 cm，颜色（湿）浅棕，润，层次过渡不明显，紧实，无根系，无碳酸盐反应，石砾含量 100%，砂质，Fe/Mn 胶膜，无侵入体。

剖面综合特征：A_1 层及整个土体均较薄；C_1 层有不明显的淀积特征，与 C_2 层之间有较连续的铁积聚层。剖面上部炭屑侵入现象明显。

剖面 12

类型：暗棕壤性土（中国土壤发生分类，1987）

湿润正常新成土（中国土壤系统分类，1995）

采自黑龙江尚志市乌吉密乡，海拔 338.0 m，经纬度 N 47°10.944′、E 128°52.718′，坡度 3°~5°，母岩为花岗岩，残积母质。

植被类型主要为杂木次生林，人工更新红松。郁闭度 0.7。

乔木：蒙古栎、白桦、春榆、色木槭、白牛槭、红松等；

灌木：色木槭、茶条槭、山高粱、乌苏里绣线菊、毛榛、胡枝子等；

草本：薹草等。

土壤剖面描述：

暗棕壤性土剖面 12

A_0 层，2±1~0 cm，颜色(湿)棕，润，层次过渡不明显，疏松，无根系，无碳酸盐反应，无新生体，无侵入体。

A_1 层，0~15 cm，颜色(湿)暗棕灰，潮，层次过渡不明显，粒状结构，疏松，无碳酸盐反应，根量多，石砾含量 0~5%，中壤，无新生体，炭屑。

AC 层，15~30 cm，颜色(湿)灰棕，潮，层次过渡不明显，粒状结构，适中，根量中，无碳酸盐反应，石砾含量 15%~50%，砂壤，无新生体，炭屑。

C 层，30~100 cm，颜色(湿)棕，潮，层次过渡不明显，紧实，根量少，无碳酸盐反应，石砾含量 80%~100%，砂质，无新生体，无侵入体。

剖面综合特征：剖面分布在浑圆山顶。A_1 层团粒结构，疏松，腐殖质含量高，颜色较深；AC 层粒状结构，粗砂砾石渐增，为向母质的过渡层，B 层无发育；C 层在 30 cm 以下出现，主要为基岩风化残积物。全剖面土层浅薄。

第三节　棕色针叶林土

剖面 1

棕色针叶林土剖面 1

类型：棕色针叶林土(中国土壤发生分类，1987)

普通暗瘠寒冻雏形土(中国土壤系统分类，1995)

采自大兴安岭呼中林业局宏伟林场，母岩为变质岩，冰碛-坡积母质。

植被类型主要为原始林地，植被择伐干扰过，郁闭度 0.7。

乔木：兴安落叶松、白桦、山杨等；

灌木：杜鹃、山刺玫等；

草本：薹草等。

土壤剖面描述：

A_0 层，2-5~0 cm，颜色(干)棕 10YR7/3，颜色(湿)棕 10YR4/3，稍润，层次过渡明显，疏松，轻壤，根量少，无碳酸盐反应，无新生体，无侵入体。

A_1 层，0~10 cm，颜色(干)棕灰 10YR6/2，颜色(湿)暗棕灰 10YR4/2，潮，层次过渡不明显，疏松，粒状结构，无碳酸盐反应，石砾含量 0~10%，轻壤，根盘结，石砾表面胶膜，大量炭屑。

AB 层，10~25 cm，颜色(干)灰白 2.5Y8/1，颜色(湿)黄棕 2.5Y7/4，潮，层次过渡不明显，适中，粒状结构，无碳酸盐反应，石砾含量 70%，中壤，根量中，无新生体，炭屑。

B 层，25~55 cm，颜色(干)棕 7.5YR8/3，颜色(湿)棕 7.5YR6/4，潮，层次过渡不明显，适中，块状结构，无碳酸盐反应，石砾含量 70%，砂壤，根量少，石砾表面胶膜，无侵入体。

C 层，55 cm 以下，颜色(干)黄棕 10YR8/3，颜色(湿)棕 10YR7/6，潮，层次过渡不明显，适中，无碳酸盐反应，石砾含量 60%，砂壤，无根系，无新生体，无侵入体。

剖面综合特征：A_0 层半泥炭化；A_1 层根系盘结，腐殖质和炭屑含量高；AB 似有隐灰化特征，干态灰白色；B 层相对稍黏，结构发育不甚明显。AB 层以下石砾含量 60%~70%，风化程度浅。

剖面 2

类型：棕色针叶林土(中国土壤发生分类，1987)

普通暗瘠寒冻雏形土(中国土壤系统分类，1995)

采自大兴安岭呼中林业局宏伟林场，母岩为变质岩，冰碛砾石母质。

植被类型主要为原始林地，植被择伐干扰过，郁闭度 0.7。

乔木：兴安落叶松、白桦、山杨、樟子松等；

灌木：杜鹃、山刺玫等；

草本：薹草等。

土壤剖面描述：

棕色针叶林土剖面 2

A_0 层，2-5~0 cm，颜色(干)棕 10YR7/3，颜色(湿)棕 10YR4/3，稍润，层次过渡明显，根量少，无碳酸盐反应，无新生体，无侵入体。

A_1 层，0~15 cm，颜色(干)棕灰 10YR6/2，颜色(湿)暗棕灰 10YR4/2，潮，层次过渡不明显，疏松，粒状结构，无碳酸盐反应，石砾含量 10~20%，轻壤，根盘结，石砾表面胶膜，大量炭屑。

AB 层，15~30 cm，颜色(干)浅灰 2.5Y7/1，颜色(湿)棕灰 2.5Y6/3，潮，层次过渡不明显，疏松，粒状结构，无碳酸盐反应，石砾含量 70%，轻壤，根量中，无新生体，炭屑。

BC 层，30 cm 以下，颜色(干)棕 10YR8/2，颜色(湿)棕 10YR7/3，潮，层次过渡不明显，适中，无碳酸盐反应，石砾含量 95%，砂壤，根量少，石砾表面胶膜，无侵入体。

剖面综合特征：A_0 层半泥炭化；A_1 层根系盘结，腐殖质和炭屑含量高；AB 似有隐灰化特征，干态灰白色；B 层和 C 层几乎由石砾构成，分不清记为 BC 层，风化程度浅(此类剖面与剖面 2 呈现相间分布)。

剖面 3

类型：棕色针叶林土（中国土壤发生分类，1987）

普通暗瘠寒冻雏形土（中国土壤系统分类，1995）

采自大兴安岭塔河林业局，海拔 394 m，坡度 15°~20°，母岩为基性变质岩，坡积物母质。

植被类型主要为原始林地，植被择伐干扰过，郁闭度 0.6~0.7。

乔木：樟子松、兴安落叶松、白桦、山杨等；

灌木：蒙古栎、杜鹃、山刺玫等；

草本：薹草、大叶樟等。

土壤剖面描述：

棕色针叶林土剖面 3

A_0 层，2-5~0 cm，颜色（湿）棕 7.5YR5/4，稍润，层次过渡不明显，疏松，根量少，无碳酸盐反应，无新生体，无侵入体。

A_1 层，0~10 cm，颜色（湿）暗灰 5YR3/1，润，层次过渡不明显，疏松，粒状结构，无碳酸盐反应，石砾含量 5%，轻壤，根量多，石砾表面铁锰胶膜，大量炭屑。

AB 层，10~15 cm，颜色（湿）灰红 2.5YR5/2，润，层次过渡不明显，适中，粒状结构，无碳酸盐反应，石砾含量 25%，轻壤，根量中，石砾表面铁锰胶膜，炭屑。

B_1 层，15~35 cm，颜色（湿）暗红 10R5/6，潮，层次过渡不明显，适中，粒状结构，无碳酸盐反应，石砾含量 45%，轻壤，根量中，石砾表面铁锰胶膜，炭屑。

B_2 层，35~55 cm，颜色（湿）暗红 2.5YR6/6，潮，层次过渡不明显，适中，核状结构，无碳酸盐反应，石砾含量 50%，中壤，根量少，石砾表面铁锰胶膜，无侵入体。

C 层，55 cm 以下，颜色（湿）粉灰 7.5YR7/2，潮，层次过渡不明显，松散，无碳酸盐反应，石砾含量 75%，砂壤，根量少，无新生体，无侵入体。

剖面综合特征：土体暗红色，多砾；B 层二元结构，有埋藏迹象。

剖面 4

类型：生草棕色针叶林土［土壤学（下册），1981］

普通暗瘠寒冻雏形土（中国土壤系统分类，1995）

采自大兴安岭呼中林业局苍山林场，母岩为变质岩，坡积母质。

植被类型主要为原始林地，植被属于人为采伐干扰过的植被，白桦成分较多，郁闭度较低，林下草类繁茂。郁闭度 0.5~0.7。

乔木：兴安落叶松、白桦等；

灌木：桧柏、杜鹃、山刺玫、珍珠梅、矮赤杨等；

草本：薹草、大叶章、红花鹿蹄草、东方草莓等。

生草棕色针叶林土剖面 4

土壤剖面描述：

A_0 层，5±2~0 cm，颜色(干)棕 10YR5/3，颜色(湿)灰棕 10YR5/2，润，层次过渡不明显，松散，轻壤，根量少，无碳酸盐反应，无新生体，无侵入体。

A_1 层，0~10 cm，颜色(干)暗灰 5Y4/1，颜色(湿)暗灰 5Y3/1，潮，层次过渡不明显，疏松，粒状结构，无碳酸盐反应，石砾含量 5%，轻壤，根盘结，无新生体，炭粒。

AB 层，10~15 cm，颜色(干)浅灰 2.5Y7/1，颜色(湿)灰棕 2.5Y5/2，潮，层次过渡不明显，适中，粒状结构，无碳酸盐反应，石砾含量 5%，砂壤，根量多，石砾表面 Fe/Mn 胶膜，炭粒。

B_1 层，15~50 cm，颜色(干)棕 10YR8/2，颜色(湿)棕 10YR6/3，潮，层次过渡不明显，适中，块状结构，无碳酸盐反应，石砾含量 56%，砂壤，根量中，石砾表面 Fe/Mn 胶膜，炭粒。

B_2 层，50~70 cm，颜色(干)棕 10YR8/2，颜色(湿)棕 10YR6/3，潮，层次过渡不明显，紧实，核状结构，无碳酸盐反应，石砾含量 32%，重壤，根量少，石砾表面 Fe/Mn 胶膜，无侵入体。

C 层，70 cm 以下，颜色(干)黄棕 5Y8/3，颜色(湿)黄棕 5Y7/4，潮，层次过渡不明显，松散，无碳酸盐反应，石砾含量 68%，砂质，无根系，无新生体，无侵入体。

剖面综合特征：A_0 层的泥炭化不明显；A 层比棕色针叶林土其它亚类要厚一些，腐殖质 A 层含量高，向下骤减，A 层以下多石砾，风化程度浅。秋季采样时土壤湿润，但剖面裸露 1~2 h 表面即风干，所以照片有“干燥”的感觉。

剖面 5

类型：生草棕色针叶林土[土壤学(下册)，1981]

普通暗瘠寒冻雏形土(中国土壤系统分类，1995)

采自大兴安岭塔河林业局，母岩为花岗岩，花岗岩残积-冰碛物母质。

植被类型主要为原始林地，植被择伐干扰过，郁闭度 0.5~0.7。

乔木：白桦、兴安落叶松、樟子松；

灌木：杜鹃、山刺玫、丛桦；

草本：大叶章、薹草。

土壤剖面描述：

A_0 层，3-5~0 cm，颜色(湿)棕 10YR7/4，润，层次过渡不明显，疏松，根量少，无碳酸盐反应，无新生体，无侵入体。

A_1 层，0~12 cm，颜色(湿)暗棕灰 2.5Y3/2，潮，层次过渡不明显，疏松，粒状结构，无碳酸盐反应，石砾含量 5%，中壤，根盘结，无新生体，炭屑。

AB 层，12～27 cm，颜色(湿)灰棕 2.5Y5/3，潮，层次过渡不明显，适中，粒状结构，无碳酸盐反应，石砾含量 15%，轻壤，根量中，无新生体，炭屑。

B_1 层，27～65 cm，颜色(湿)灰黄棕 2.5Y6/4，潮，层次过渡不明显，适中，粒状结构，无碳酸盐反应，石砾含量 35%，轻壤，根量少，无新生体，无侵入体。

B_2 层，65～85 cm，颜色(湿)棕 10YR6/4，潮，层次过渡明显，紧实，核状结构，无碳酸盐反应，石砾含量 75%，重壤，根量少，石砾表面铁锰胶膜，无侵入体。

C 层，85 cm 以下，颜色(湿)灰棕 5Y6/3，潮，层次过渡不明显，松散，无碳酸盐反应，石砾含量 50%，砂质，无根系，无新生体，无侵入体。

生草棕色针叶林土剖面 5

剖面综合特征：A_1 层较厚，上部草根盘结；B_2 层由大石砾和细土组成，细土部分较粘重；B_2 层上部和下部层次均不含大石砾，粗组分以花岗岩风化砂为主。

剖面 6

类型：灰化棕色针叶林土(中国土壤发生分类，1987)

滞水暗瘠寒冻雏形土(中国土壤系统分类，1995)

采自大兴安岭塔河林业局沿江林场，海拔 306 m，经纬度 N 53°06.494′、E 124°24.564′，坡度 10°，母岩为花岗岩、变质岩，冰碛-坡积物母质。

植被类型主要为原始林地，采伐干扰林相。郁闭度 0.3～0.7。

乔木：樟子松、白桦、兴安落叶松；

灌木：杜鹃、杜香、越桔、山刺玫；

草本：薹草、万年蒿、红花鹿蹄草、东方草莓、大地榆等。

土壤剖面描述：

A_0 层，3-5～0 cm，颜色(湿)棕 7.5YR5/4，湿，层次过渡不明显，疏松，轻壤，根量少，无碳酸盐反应，无新生体，无侵入体。

A_1 层，0～10 cm，颜色(湿)暗灰 7.5YR3/1，潮，疏松，层次过渡不明显，粒状结构，无碳酸盐反应，根盘结，石砾含量 5%，中壤，无新生体，炭屑。

AB 层，10～30 cm，颜色(湿)灰黄 5Y7/3，湿，层次过渡不明显，适中，粒状结构，无碳酸盐反应，石砾含量 20%，轻壤，根量中，无新生体，炭屑。

B 层，30～75 cm，颜色(湿)棕 2.5Y6/4，湿，层次过渡不明显，紧实，块状、核状结构，无碳酸盐反应，石砾含量 65%，重壤，根量少，无新生体，不明显的锈斑。

C 层，>75 cm，颜色(湿)棕黄 5Y6/4，湿，层次过渡不明显，块状结构，适中，无碳酸盐反应，石砾含量 70%，砂壤，根量少，无新生体，无侵入体。

剖面综合特征：地表小灌木密集，A_1 上部根系盘结；B 层及以下多大石砾，基本由细土和大砾组成；B 层细土部分较粘重，核状-块状结构，有不明显的锈斑；全剖面湿度较大。AB-B 层上部湿态灰黄，干态灰白。

灰化棕色针叶林土剖面 6

第四节　漂灰土

剖面 1

类型：漂灰土(中国土壤发生分类，1987)

漂白暗瘠寒冻雏形土(中国土壤系统分类，1995)

采自大兴安岭呼中自然保护区，母岩为变质岩，冰碛-坡积母质。

植被类型主要为原始林地，植被为高海拔落叶松原始林，有少量白桦、偃松成分，郁闭度较低，林下苔藓和地衣繁茂。郁闭度 0.5~0.7。

乔木：兴安落叶松、白桦；

灌木：偃松、杜香、越桔、矮赤杨等；

草本：塔藓、赤茎藓、石蕊等。

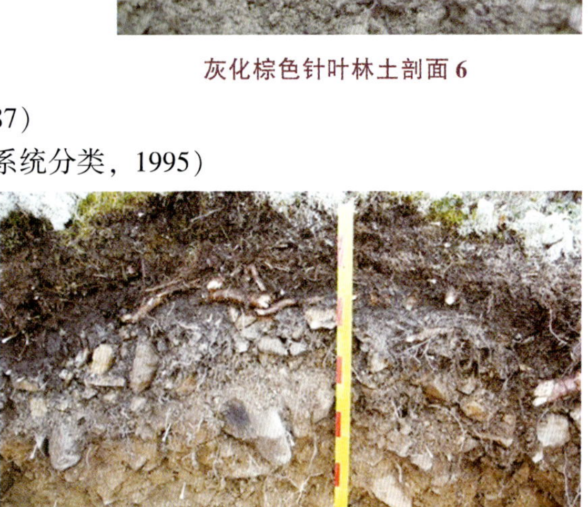

漂灰土剖面 1

土壤剖面描述：

A_0 层，15±5~0 cm，颜色(干)棕 10YR5/3，颜色(湿)暗灰棕 10YR3/2，潮，层次过渡明显，松散，轻壤，根量多，无碳酸盐反应，无新生体，炭粒。

A_1 层，0~5 cm，颜色(干)暗灰 5Y4/1，颜色(湿)暗灰 5Y3/1，湿，层次过渡明显，疏松，粒状结构，无碳酸盐反应，石砾含量 20%，轻壤，根盘结，无新生体，炭粒。

E 层，5~10 cm，颜色(干)灰白 5Y 8/1，颜色(湿)浅灰 5Y6/2，湿，层次过渡明显，适中，块状、粒状结构，无碳酸盐反应，石砾含量 65%，轻壤，根量多，无新生体，炭粒。

B_1 层，10~35 cm，颜色(干)灰 7.5YR7/1，颜色(湿)棕灰 7.5YR6/2，潮，层次过渡不明显，适中，块状结构，无碳酸盐反应，石砾含量 50%，轻壤，根量中，石砾表面 Fe/

Mn 胶膜，炭粒。

B_2 层，35~65 cm，颜色(干)棕 7.5YR6/6，颜色(湿)棕 7.5YR5/6，潮，层次过渡不明显，块状、核状结构，紧实，无碳酸盐反应，石砾含量45%，中壤，根量少，石砾表面 Fe/Mn 胶膜，无侵入体。

C 层，65 cm 以下，颜色(干)棕黄 2.5Y8/2，颜色(湿)棕黄 2.5Y7/4，潮，层次过渡不明显，块状结构，适中，无碳酸盐反应，石砾含量65%，轻壤，无根系，无新生体，无侵入体。

剖面综合特征：A_0 层疏松很厚，泥炭化明显；A 层浅薄，有大量炭屑，腐殖质自 A 层向下骤减；E 层灰白色，质地轻；B 层棕色，铁的淀积现象明显。E 层以下多石砾，风化程度浅。秋季采样时土壤湿润，水分较多。

剖面 2

类型：漂灰土(中国土壤发生分类，1987)

漂白暗瘠寒冻雏形土(中国土壤系统分类，1995)

采自大兴安岭呼中自然保护区，母岩为变质岩，冰碛-坡积物母质。

植被类型主要为原始林地，植被为高海拔落叶松原始林，有少量偃松成分，郁闭度较低，林下苔藓和地衣繁茂，郁闭度 0.5~0.7。

乔木：兴安落叶松、白桦；

灌木：偃松、杜香、越桔等；

草本：塔藓、赤茎藓、石蕊等。

漂灰土剖面 2

土壤剖面描述：

A_0 层，20±5~0 cm，颜色(湿)棕 10YR4/4，潮，层次过渡明显，疏松，轻壤，根盘结，无碳酸盐反应，无新生体，炭粒。

E-R 层，0~40 cm，颜色(湿)灰白 2.5Y8/1，潮，层次过渡明显，无碳酸盐反应，石砾含量100%，无根系，无新生体，无侵入体。

B 层，40~85 cm，颜色(湿)黄棕灰 5Y6/3，湿，层次过渡不明显，适中，块状结构，无碳酸盐反应，石砾含量55%，中壤，根量少，不明显的灰蓝色斑块，炭粒。

C 层，85 cm 以下，颜色(湿)棕黄 5Y7/3，湿，层次过渡不明显，块状结构，适中，无碳酸盐反应，石砾含量60%，轻壤，无根系，无新生体，无侵入体。

剖面综合特征：O 层疏松很厚，根系盘结，泥炭化明显；无 A 层；E-R 层全部为石砾，石砾表面多为灰白色；B 层灰棕色，湿度大，温度低，有不明显的灰蓝色斑块及臭泥味，还原现象较明显。

第五节　河滩森林土

剖　面

类型：河滩森林土(中国森林土壤，1986，该土类未纳入中国土壤分类系统)

暗色潮湿雏形土(中国土壤系统分类，1995)

采自大兴安岭呼中林业局呼源林场，海拔 589 m，经纬度 N 51° 42. 101′、E 123°29. 847′，坡度 0°，河流冲积物母质。

植被类型主要为原始林地，郁闭度 0. 7～0. 9。

乔木：甜杨、红毛柳、粉枝柳、兴安落叶松、白桦；

灌木：红瑞木、毛接骨木、兴安鼠李、山刺玫等；

草本：大叶章、薹草、狭叶荨麻等。

河滩森林土剖面

土壤剖面描述：

A_0 层，3－5～0 cm，颜色(干)棕 10YR5/3，颜色(湿)暗棕 10YR4/3，潮，层次过渡不明显，疏松，根量少，无碳酸盐反应，无新生体，无侵入体。

A_1 层，0～5 cm，颜色(干)灰棕 2. 5Y4/2，颜色(湿)暗灰棕 2. 5Y3/2，潮，疏松，层次过渡不明显，粒状结构，无碳酸盐反应，根量多，石砾含量 0%，中壤，无新生体，炭粒。

A_2 层，5～17 cm，颜色(干)棕灰 2. 5Y6/2，颜色(湿)棕灰 2. 5Y5/3，湿，层次过渡不明显，适中，块状、粒状结构，无碳酸盐反应，石砾含量 0%，中壤，根量多，锈斑，炭粒。

AB 层，17～25 cm，颜色(干)灰 2. 5Y4/1，颜色(湿)深灰 2. 5Y3/1，湿，层次过渡明显，紧实，片状、块状结构，无碳酸盐反应，石砾含量 0%，重壤，根量中，锈斑，炭粒。

C_1 层，25～30 cm，颜色(干)棕 2. 5Y8/4，颜色(湿)棕 2. 5Y6/6，湿，层次过渡明显，松散，无碳酸盐反应，石砾含量 0%，砂质，根量少，锈斑，无侵入体。

C_2 层，30 cm 以下，颜色(干)棕 2. 5Y6/3，颜色(湿)深棕 2. 5Y4/3，湿，层次过渡明显，松散，无碳酸盐反应，石砾含量 0%，根量少，无新生体，无侵入体。

剖面综合特征：全剖面冲积层理明显；AB 层有不明显的核状－片状结构；C_1 层为河沙；C_2 层为卵石。土壤湿度较大，剖面中部氧化－还原交替现象较明显。

第六节　草甸土

剖　面

类型：暗色草甸土（中国森林土壤，1986）

普通暗色潮湿雏形土（中国土壤系统分类，1995）

采自大兴安岭呼中林业局呼源林场，现代冲积淤积物母质。

植被类型主要为天然草甸，盖度100%。

灌木：沼柳、珍珠梅等；

草本：小叶章、喜湿薹草类、三楞草、蚊子草、小白花地榆等。

土壤剖面描述：

O层，不明显，颜色（湿）棕，潮，层次过渡不明显，疏松，无碳酸盐反应，无新生体，无侵入体。

暗色草甸土剖面

A_{11}（Ah）层，0～15 cm，颜色（湿）暗灰棕，湿，疏松，层次过渡不明显，粒状结构，无碳酸盐反应，根盘结，石砾含量0%，中壤，无新生体，炭屑。

A_{12}层，15～28 cm，颜色（湿）暗灰，湿，层次过渡不明显，适中，块状、片状结构，无碳酸盐反应，石砾含量0%，中壤，根量多，锈斑，炭屑。

AC层，28～45 cm，颜色（湿）锈棕-棕，湿，层次过渡不明显，紧实，块状结构，无碳酸盐反应，石砾含量0%，重壤，根量少，锈斑，炭屑。

C_1层，45～85 cm，颜色（湿）棕，湿，层次过渡不明显，适中，无碳酸盐反应，石砾含量0%，砂壤，根量少，锈斑，无侵入体。

C_2层，85 cm以下，颜色（湿）棕-锈棕-橄棕，湿，层次过渡不明显，适中，无碳酸盐反应，石砾含量0%，无根系，砂壤，锈斑，无侵入体。

剖面综合特征：沟谷低地-地势相对较高处，夏季排水不良，但秋季多余水分基本排除。O层为枯落物层，不明显；A_{11}层（A_h）为腐殖质亚层，草根盘结，团粒结构；A_{12}层为腐殖质亚层，深灰色块状-片状结构，向下过渡不明显；C层多元，可分多个亚层，多含河砂，为沉积所致，有锈斑。

第七节　白浆土

剖面 1

白浆土剖面 1

类型：白浆土(中国土壤发生分类，1987)

漂白冷凉淋溶土(中国土壤系统分类，1995)

采自黑龙江帽儿山实验林场，第四纪黄土状淤积物或静水沉积物母质。

植被类型主要为人工针叶林。郁闭度 0.8。

乔木：樟子松、落叶松；侵入少量白桦；

灌木：珍珠梅、柳叶绣线菊、小花溲疏、金花忍冬、毛榛、疣枝卫矛等；

草本：凸脉薹草、羊胡子薹草、蚊子草、铃兰、北悬钩子、蝙蝠葛、掌叶铁线蕨、假繁缕等。

土壤剖面描述：

O 层，3±1~0 cm，颜色(湿)棕，润，层次过渡不明显，疏松，无根系，无碳酸盐反应，石砾含量 0%，无新生体，无侵入体。

A_{11} 层，0~5 cm，颜色(湿)暗灰，潮，层次过渡不明显，粒状结构，疏松，无碳酸盐反应，根量多，石砾含量 0%，中壤，无新生体，炭屑。

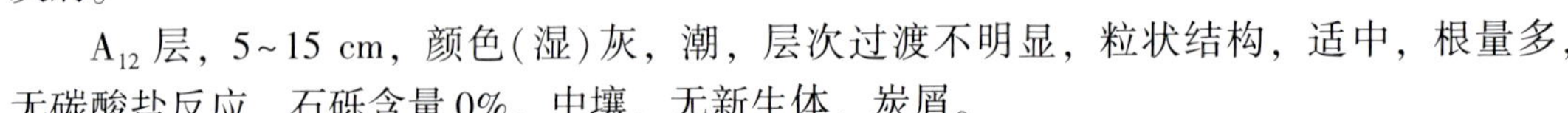

A_{12} 层，5~15 cm，颜色(湿)灰，潮，层次过渡不明显，粒状结构，适中，根量多，无碳酸盐反应，石砾含量 0%，中壤，无新生体，炭屑。

W 层，15~30 cm，颜色(干)灰白，颜色(湿)灰黄，潮，层次过渡不明显，片状结构，适中，根量中，无碳酸盐反应，石砾含量 0%，轻壤，锈斑，炭屑。

WB 层，30~60 cm，颜色(干)灰白，颜色(湿)灰黄，潮，层次过渡不明显，块状、核状结构，紧实，根量少，无碳酸盐反应，石砾含量 0%，重壤，锈斑，炭屑。

B_1 层，60~75 cm，颜色(湿)褐棕，潮，层次过渡不明显，核状结构，极紧实，根量少，无碳酸盐反应，石砾含量 0%，黏质，胶膜，炭屑。

B_2 层，75~100 cm，颜色(湿)褐棕-橄棕，潮，层次过渡不明显，柱状结构，极紧实，根量少，无碳酸盐反应，石砾含量 0%，黏质，胶膜、锈斑，炭屑。

剖面综合特征：剖面分布在黄土质漫岗上部，地表排水一般，B 层深厚，黏重紧实，透水性差。A_{11} 层团粒结构，疏松，颜色较深；A_{12} 层较 A_{11} 层色稍浅，粒状结构；W 为白浆化层或白浆层，片状结构；B 层深厚，棕褐色，质地粘重，核状-柱状结构；C 层在 100 cm 以下，黏重。

剖面 2

白浆土剖面 2

类型：白浆土（中国土壤发生分类，1987）

漂白冷凉淋溶土（中国土壤系统分类，1995）

采自黑龙江尚志市亮珠乡，第四纪黄土状淤积物或静水沉积物母质。

植被类型主要为人工落叶松林。郁闭度 0.7~0.8。

乔木：落叶松；侵入蒙古栎及少量白桦；

灌木：茶条槭、柳叶绣线菊、小花溲疏、毛榛、疣枝卫矛等；

草本：凸脉薹草、羊胡子薹草等。

土壤剖面描述：

O 层，3±1~0 cm，颜色（湿）棕，润，层次过渡不明显，疏松，根量少，无碳酸盐反应，石砾含量 0%，无新生体，无侵入体。

A_{11} 层，0~15 cm，颜色（湿）暗灰，潮，层次过渡明显，块状、粒状结构，疏松，无碳酸盐反应，根量多，石砾含量 0%，重壤，无新生体，炭屑。

W 层，15~38 cm，颜色（干）灰白，颜色（湿）灰黄，潮，层次过渡不明显，片状结构，适中，根量少，无碳酸盐反应，石砾含量 0%，轻壤，锈斑，炭屑。

WB 层，38~55 cm，颜色（干）灰白，颜色（湿）灰黄，潮，层次过渡不明显，片状、核状结构，紧实，根量少，无碳酸盐反应，石砾含量 0%，中壤，锈斑，无侵入体。

B 层，55 cm 以下，颜色（湿）褐棕，潮，层次过渡不明显，核状结构，极紧实，根量少，无碳酸盐反应，石砾含量 0%，黏质，胶膜，无侵入体。

C 层，在 100 cm 以下，未挖到，极紧实，黏质。

剖面综合特征：剖面分布在黄土质漫岗上部，地表排水一般，B 层深厚，黏重紧实，透水性差。A_{11} 层团粒-块状结构，颜色较深，系早期的耕作层，向下过渡明显；W 为白浆化层或白浆层，片状结构；B 层深厚，棕褐色，质地黏重，核状-柱状结构；C 层在 100 cm 以下，黏重。

剖面 3

类型：白浆土（中国土壤发生分类，1987）

漂白冷凉淋溶土（中国土壤系统分类，1995）

采自吉林安图县松江镇，第四纪河湖相沉积物母质。

植被类型主要为人工针叶林。郁闭度 0.8~0.9。

乔木：落叶松、樟子松等；

灌木：刺玫果、珍珠梅等，林下灌木稀疏；

草本：少量薹草（Carex）等。

白浆土剖面 3

土壤剖面描述：

O 层，5±1～0 cm，颜色（湿）棕，润，层次过渡不明显，疏松，根量少，无碳酸盐反应，石砾含量 0%，无新生体，无侵入体。

A_{11} 层，0～15 cm，颜色（湿）暗灰，潮，层次过渡不明显，粒状结构，疏松，无碳酸盐反应，根量多，石砾含量 0%，中壤，无新生体，炭屑。

A_{12} 层，15～30 cm，颜色（湿）暗灰－灰，潮，层次过渡不明显，块状、粒状结构，适中，根量中，无碳酸盐反应，石砾含量 0%，中壤，无新生体，炭屑。

W 层，30～55 cm，颜色（干）灰白，颜色（湿）浅灰－灰黄，潮，层次过渡不明显，片状、粒状结构，适中，根量少，无碳酸盐反应，石砾含量 0%，轻壤，无新生体，炭屑。

WB 层，55～65 cm，颜色（干）灰白，颜色（湿）灰黄，潮，层次过渡不明显，块状、块状、核状结构，紧实，根量少，无碳酸盐反应，石砾含量 0%，中壤，无新生体，无侵入体。

B_1 层，55～85 cm，颜色（湿）棕，潮，层次过渡不明显，核状结构，极紧实，根量少，无碳酸盐反应，石砾含量 0%，黏质，胶膜，无侵入体。

B_2 层，85～100 cm，颜色（湿）褐棕，潮，层次过渡不明显，柱状结构，极紧实，无根系，无碳酸盐反应，石砾含量 0%，黏质，胶膜，无侵入体。

剖面综合特征：A_{11} 层团粒结构，疏松，腐殖质含量高，颜色较深，有大量土壤动物穴；A_{12} 层为 A_1 层即腐殖质层的第二个亚层，腐殖质含量渐减，有大量土壤动物穴；W 层为白浆层或白浆化层，整体上呈片状结构，颜色浅（干态灰白）但混有深灰色成分（可能与坡积作用有关）；WB 为白浆层向淀积层的过渡层，干态色调由灰白渐变为棕色，片状、块状至核状结构；B_1 层核状结构，B_2 柱状结构，黏重紧实，胶膜淀积均极明显，颜色棕褐；C 层尚未挖出。

第八节　泥炭土

剖　面

类型：泥炭土（中国土壤发生分类，1987）

永冻纤维有机土（中国土壤系统分类，1995）

采自大兴安岭呼中林业局呼源林场，植被类型主要为原始湿林地，落叶松生长差，多为“小老树”，郁闭度 0.2～0.5。

乔木：兴安落叶松；

灌木：笃斯越桔、柴桦、杜香；

草本：泥炭藓、石蕊、地衣、塔头薹草等。

土壤剖面描述：

T_1 层，0～30 cm，颜色（干）棕黄 10YR7/6，颜色（湿）棕 10YR5/6，潮，层次过渡明显，疏松，无碳酸盐反应，根量中，石砾含量 0%，无新生体，无侵入体。

泥炭土剖面

T_2 层，30～65 cm，颜色（干）暗棕 10YR5/3，颜色（湿）暗棕 10YR3/3，湿，层次过渡明显，疏松，无根系，无碳酸盐反应，石砾含量 0%，无新生体，炭粒。

T_3 层，65 cm 以下，颜色（干）灰棕 10YR5/2，颜色（湿）暗棕 10YR3/4，湿，层次过渡明显，冻结，无根系，无碳酸盐反应，石砾含量 0%，无新生体，炭粒。

剖面综合特征：全剖面均为泥炭质，上部为颜色较浅的泥炭藓泥炭，中部颜色较深，下部颜色较深且冻结-为草本泥炭。

第九节 沼泽土

剖面 1

类型：腐泥沼泽土（中国土壤发生分类，1987）
纤维有机滞水潜育土（中国土壤系统分类，1995）

采自黑龙江伊春市友好区，现代冲积淤积物母质。

植被类型主要为天然塔头薹草沼泽。

灌木：沼柳等；

草本：喜湿薹草类，以塔头薹草为主。

土壤剖面描述：

T 层，0～28 cm，颜色（湿）暗灰棕，湿，层次过渡明显，粒状结构，疏松，无碳酸盐反应，根量多，无新生体，炭屑。

A 层，28～40 cm，颜色（湿）暗灰，湿，层次过渡明显，块状结构，适中，根量少，无碳酸盐反应，石砾含量 0%，重壤，无新生体，炭屑。

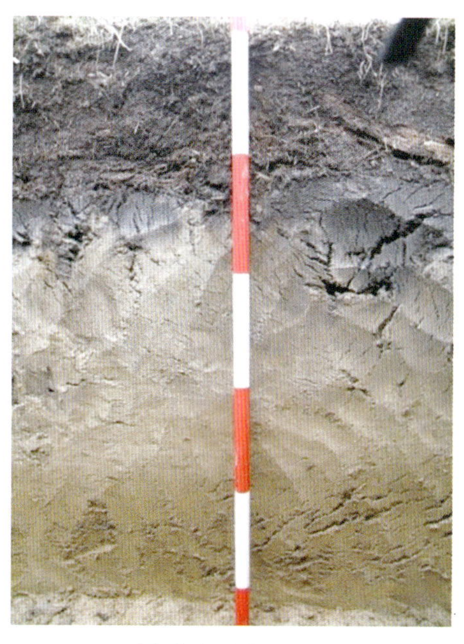

腐泥沼泽土剖面 1

G 层，40～56 cm，颜色（湿）橄棕-锈棕-灰绿，湿，层次过渡明显，紧实，无根系，无碳酸盐反应，石砾含量0%，重壤，锈斑、灰蓝色潜育斑块，无侵入体。

C_1 层，56~75 cm，颜色(湿)锈棕-棕，湿，层次过渡不明显，紧实，无根系，无碳酸盐反应，石砾含量0%，重壤，锈斑，无侵入体。

C_2 层，75 cm以下，颜色(湿)锈棕-橄棕，湿，层次过渡不明显，粒状结构，紧实，无根系，无碳酸盐反应，石砾含量0%，重壤，无新生体，无侵入体。

剖面综合特征：沟谷低湿地-地势相对较低处，全年排水不良。T层为泥炭层，由植物粗纤维构成，向下过渡明显；A为腐殖质层，深灰色黏泥有臭味，向下过渡较明显；G层为潜育层，多锈斑和灰蓝色潜育斑块，向下过渡不明显；C_1 层粘紧有锈斑，无结构；C_2 层具粒状结构，棕色，无锈斑，可能是埋藏层。

剖面2

类型：森林潜育土(中国土壤，1998，接近于沼泽土，但不尽相同，暂归于沼泽土)

有机寒冻(永冻)潜育土(中国土壤系统分类，1995)

采自黑龙江凉水国家自然保护区，淤积物母质。

植被类型主要为原始林地。郁闭度0.9~1.0。

乔木：臭冷杉、红皮云杉及少量的白桦等；

灌木：稀少；

草本：落新妇、鹿药、林问荆及少量的薹草等，苔藓(塔藓、泥炭藓等)盖度80%以上。

森林潜育土剖面2

土壤剖面描述：

O层，5±1~0 cm，颜色(湿)棕，湿，层次过渡不明显，疏松，根量少，无碳酸盐反应，无新生体，无侵入体。

T层，0~20 cm，颜色(湿)暗灰褐，湿，层次过渡明显，粒状结构，疏松，无碳酸盐反应，根量多，无新生体，炭屑。

A_1 层，20~35 cm，颜色(湿)暗灰，湿，层次过渡明显，块状结构，适中，根量中，无碳酸盐反应，石砾含量5%~10%，重壤，锈斑，炭屑。

G层，35 cm以下，颜色(湿)棕-橄棕-灰绿，湿，层次过渡明显，块状结构，紧实，根量少，无碳酸盐反应，石砾含量25%~45%，重壤，锈斑、灰蓝色潜育斑块，无侵入体。

剖面综合特征：沟谷低平地，排水不良。O层为森林枯落物层，向下过渡不明显；T层为泥炭层，水湿，向下过渡明显；A_1 层为腐殖质层，深灰色黏泥状，有臭味，向下过渡明显；G层为潜育层，有大量锈斑和灰蓝色斑块，黏泥与砂混杂，其下部永久性冻结。

第三章　华北地区

第一节　区域介绍

华北地区在自然地理上一般指秦岭-淮河线以北，长城以南的中国的广大区域；北与东北地区、内蒙古自治区地区相接。大致以≥10℃积温 3200℃(西北段为 3000℃)等值线、1 月平均气温-10℃(西北段为-8℃)等值线为界。而政治、经济层面上华北地区地理范围包括北京市、天津市、河北省、山西省和内蒙古自治区中部(呼和浩特市、包头市、鄂尔多斯市、巴彦淖尔市、乌兰察布市)。按照地理气象划分，全国一级气象地理区划说明：河北、河南、山西和山东四省，北京、天津二直辖市。版图地理的华北地区包括四个自然地理单元：东部的辽东山东低山丘陵，中部的黄淮海平原和辽河下游平原，西部的黄土高原和北部的冀北山地。

该区地势西高东低，东部是华北平原，西部广泛分布高原和山地，高原主要有内蒙古高原、鄂尔多斯高原，面积广阔，原面波状起伏，一般海拔 800~1600 m。山西高原属于山地型，原面保存不完整，分布有大小不等的断陷盆地和山间河谷盆地。区内山地包括燕山、太行山、阴山山脉、秦岭和山西境内的大小山地等，山地海拔大多超过 1500 m，最高海拔位于山西境内的五台山北台顶，高度为 3058 m，是华北第一高峰。

华北地区地处中纬度地带，南北纬度跨度达 22°，东西经度跨度为 29°，宏观上看，由于大兴安岭—阴山山脉的屏障作用，由海洋吹来的暖湿气流难以北上，大致以大兴安岭和长城为自然分界，形成截然不同的二大自然地理区：①界线之东南部，由于背靠内陆，面向海洋，夏季受海洋气候的影响，高温多雨；冬季北方冷气流南侵，寒冷干燥，气候四季分明，属于东南季风气候区。地貌和气候的组合分布规律制约着植被和土壤的生长和发育，自然植被呈现纬向分布规律。暖温带为栎属、赤松、油松属组成的针阔叶混交林，由于人为干扰，天然植被暂存很少，主要是以桦、杨、柳为主的次生林和河岸林；中温带主要以红松、槭属、椴属、桦木组成针阔叶混交林；寒温带则以落叶针叶林为主，土壤以潮土、褐土、棕壤为主。②界线之西北部，由于深处内陆，远离海洋，主要受西北气流的控制，普遍干燥寒冷，大陆性显著，属于西北干旱、半干旱区。年均降水量小于 200 mm，由东向西递减，西部不足 100 mm，湿润度一般较低。河流短小，呈内流区或无流区。地貌外营力除小部分地区有东南部特征外，主要表现为强大的风蚀、搬运和堆积。区内植被随着气候的经向分布规律，由东向西为森林草原—典型草原—荒漠草原—荒漠。土壤以栗钙土、棕钙土、棕漠土和风沙土为主。在岩石山区，随着海拔高度及其相应的生物气候变化，植被和土壤呈明显的垂直分布规律，但垂直结构比较简单。

基于前期工作基础本次调查的华北地区包括北京、天津、河北、山西、山东、内蒙古等六省(自治区，直辖市)，调查地点主要集中在泰山、蒙山、昆嵛山、崂山、五台山、吕梁山、采凉山、雾灵山、燕山、阴山等地。调查的主要土壤类型有：褐土、栗褐土、棕壤、砂姜黑土、潮土、粗骨土、草甸土、栗钙土、盐土等。

第二节 褐 土

褐土，半湿润暖温带地区碳酸盐弱度淋溶与聚积，有次生黏化现象的带棕色土壤，又称褐色森林土。暖温带半湿润地区发育于排水良好地形部位的半淋溶型土壤。其成土母质富含石灰，成土过程处于脱钙阶段是具有黏化和钙质淋移淀积特征的土壤。全剖面通常由腐殖质淡色表土层(A)、淀积黏化层(Bt)钙积层(BCa)及母质层(C)构成。A 层有机质含量 1.5%左右，B 层褐色或棕褐色，氧化铁含量略高于上层 ，核块状结构，有黏粒胶膜淀积，钙积层多出现假菌体或石灰结构，底土一般不受地下水影响。黏土矿物以水云母和蛭石为主，伴有少量蒙脱石和高岭石。土壤 pH 值 7.0~7.5，盐基饱和度>80%。

剖面 1

类型：褐土(中国土壤发生分类，1987)

简育干润淋溶土(中国土壤系统分类，1995)

采集地点：河北雾灵山国家级自然保护区转轴沟，海拔 617 m，经纬度 N 40°27′

褐土剖面 1

01. 5″、E 117°27′56. 4″，乔木为杨树、洋槐、杏树、臭椿、山楂，郁闭度 0. 6，母质为黄土状物质。

A 层，0~21 cm，颜色：干为浅黄 10YR5/3；湿为灰棕。润，层次过渡明显，疏松，粒状结构，砂质、轻壤，大量根，有碳酸盐反应，石砾含量 30%，无新生体，无侵入体。

B_1 层，21~86 cm，颜色：干为浅黄 7. 5YR8/1；湿为褐棕。稍润，层次过渡不明显，稍紧，粒状、核状结构，黏质、轻壤，有碳酸盐反应，根量中量，无侵入体。

B_2 层，86~100 cm，颜色：干为浅黄 10YR7/3；湿为褐棕。稍润，层次过渡不明显，稍紧，粒状、核状结构，少量根系，有碳酸盐反应，黏质、轻壤，无侵入体。

剖面 2

类型：粗骨褐土(中国土壤发生分类，1987)

简育干润淋溶土(中国土壤系统分类，1995)

采集地点：山东泰安蒿里山，海拔 162 m，经纬度 N 36°10′58. 4″、E 117°06′28. 5″，植被类型为侧柏林，郁闭度 0. 15，石灰岩、板页岩母岩，母质为石灰岩坡积物。

A 层，0~8 cm，颜色：干为灰棕 2. 5YR5/1；湿为暗棕。干，层次过渡明显，松散，粒状结构，轻壤，少量根，碳酸盐反应强，石砾含量 5%，无新生体，无侵入体。

B 层，8~60 cm，颜色：干为浅棕 10YR7/2；湿为棕色。干，层次过渡明显，松散，

粗骨褐土剖面 2

块状、粒状、核状结构，砂质中壤，碳酸盐反应中等，少量根，石砾含量30%，钙质假菌丝体，有铁子。

C层，>60 cm，颜色：干为灰白10YR7/2；湿为暗灰。润，层次过渡明显，松散，块状、粒状、核状结构，无根系，黏壤，石砾含量40%，钙质假菌丝体，有铁子。

剖面 3

类型：硅泥褐土(中国土壤发生分类，1987)

简育干润淋溶土(中国土壤系统分类，1995)

采集地点：山东章丘枣园苗圃，海拔94 m，经纬度N 36°45′47.6″、E 117°27′03.7″，郁闭度0.3，母质为红土。

B层，0~95 cm，颜色：干为红棕7.6YR6/3；湿为暗红棕。润，层次过渡明显，紧实，块状、粒状结构，重壤，根量中量，无碳酸盐反应，无新生体，无侵入体。

C层，95~100 cm，颜色：干为暗棕7.5YR6/4；湿为暗棕色。润，层次过渡明显，紧实，粒状结构，无根系，重壤，弱碳酸盐反应，假菌丝，铁质，锈斑。

硅泥褐土剖面 3

剖面 4

类型：淋溶褐土(中国土壤发生分类，1987)

简育干润雏形土(中国土壤系统分类，1995)

采集地点：山西五台山树木园，海拔 1 702 m，经纬度 N 38°59′05.3″、E 113°38′08.5″，植被类型为次生林，乔木为白桦、白芊、油松、落叶松、青杨，郁闭度 0.8，玄武岩风化，坡积洪积物母质。

A 层，0~32 cm，颜色：干为棕黄 7.5YR6/2；湿为褐色。稍润，层次过渡不明显，疏松，粒状、块状、核状结构，轻壤，根盘结，石砾含量 5%，无新生体，无侵入体。

B 层，32~52 cm，颜色：干为棕黄 7.5YR6/2；湿为褐色。稍润，层次过渡不明显，疏松，块状、粒状结构，砂壤，大量根，石砾含量 10%，无新生体，无侵入体。

C 层，52~72 cm，颜色：干为棕色 10YR7/1；湿为暗褐。干，层次过渡明显，松散，粒状结构，根量中量，黏壤，石砾含量 30%，无新生体，无侵入体。

R 层，>72 cm，颜色：干为 10YR6/3，无新生体，无侵入体。

淋溶褐土剖面 4

剖面 5

类型：淋溶褐土(中国土壤发生分类，1987)

简育干润淋溶土(中国土壤系统分类，1995)

采集地点：河北雾灵山国家级自然保护区东梅寺，海拔 750 m，经纬度 N 40°31′06.3″、E 117°30′23.8″，乔木为杨树、华北落叶松、山楂、油松、杏，郁闭度 0.7，花岗正长岩残、坡积物。

A 层，0~10 cm，颜色：干为浅黄 10YR6/2；湿为灰棕。干，层次过渡不明显，疏松，粒状结构，中壤，大量根，石砾含量5%，无新生体，无侵入体。

B_1层，10~58 cm，颜色：干为土黄10YR6/3；湿为褐棕。潮，层次过渡明显，疏松，粒状结构，有碳酸盐反应，石砾含量10%，黏质中壤，大量根，无新生体，无侵入体。

B_2层，58~88 cm，颜色：干为土黄10YR6/3；湿为褐棕。潮，层次过渡明显，松散，快状结构，黏质、中壤，有碳酸盐反应，石砾含量10%，根量中量，无新生体，蚯蚓、蚂蚁。

C层，>88 cm，颜色：干为棕灰10YR7/4；湿为灰褐。潮，紧实，块状结构，无根系，黏质、中壤，铁锰胶膜，无侵入体。

淋溶褐土剖面5

剖面6

类型：冲积潮褐土(中国土壤发生分类，1987)

斑纹简育干润淋溶土(中国土壤系统分类，1995)

采集地点：山东章丘白云湖石珩村光和苗圃，海拔24 m，经纬度N 36°48′58.0″、E 117°22′26.8″，乔木为木瓜，灌木金银花、继木、绣球、锦带花、迎春，草本为灰藜、打碗花、播娘蒿、荠菜、茵陈蒿、蓼。郁闭度0.3，母质种类：洪积物。

A层，0~71 cm，颜色：干为褐色；湿为深褐。润，层次过渡明显，疏松，粒状、块状、核状结构，重壤，大量根，剧烈碳酸盐反应，少量铁锰结核，无侵入体。

B_1层，71~98 cm，颜色：干为褐色；湿为深褐。润，层次过渡明显，疏松，粒状、柱状结构，重壤，剧烈碳酸盐反应，少量根，无侵入体，铁锰结核多。

B_2 层，98 cm 以下，颜色：干为灰白；湿为青灰。潮，层次过渡明显，疏松，粒状、片状结构，根系无，剧烈碳酸盐反应，黏质轻壤，无侵入体，铁锰结核多。

潮褐土剖面 6

剖面 7

类型：(灰质)石灰性褐土(中国土壤，1998)

　　简育干润雏形土(中国土壤系统分类，1995)

采集地点：山东章丘垛庄镇北石屋村，海拔 178 m，经纬度 N 36°34′23.7″、E 117°27′28.7″，灌木为酸枣、榆树、黄荆，郁闭度 0.9，石灰岩残积物。

A 层，0~30 cm，颜色：干为黄棕色 10YR5/3；湿为棕褐色。干，层次过渡明显，适中，粒状、核状结构，轻壤，石砾含量 10%，大量根，有强烈碳酸盐反应，无新生体，蚯蚓。

B 层，30~50 cm，颜色：干为灰黄 10YR6/3；湿为黄褐。干，层次过渡明显，紧实，粒状、块状结构，砂质，中量根，石砾含量 30%，有强烈碳酸盐反应，假菌丝体，无侵入体。

C 层，>50 cm，颜色：干为浅黄 10YR6/4；湿为黄褐。干，层次过渡不明显，适中，粒状结构，少量根，轻壤，有强烈碳酸盐反应，石砾含量 30%，假菌丝体，无侵入体。

(灰质)石灰性褐土剖面 7

剖面 8

类型：(黄土质)石灰性褐土(中国土壤，1998)

简育干润雏形土(中国土壤系统分类，1995)

采集地点：山东章丘垛庄镇西庵村，海拔 264 m，经纬度 N 36°31′39.7″、E 117°27′07.2″，黄土母质。

A 层，0~23 cm，颜色：干为灰褐 10YR6/4；湿为暗褐。稍润，层次过渡明显，疏松，核状、粒状结构，轻壤，有强烈碳酸盐反应，大量根，无新生体，蚯蚓。

B 层，23~67 cm，颜色：干为黄褐 10YR6/4；湿为暗褐。稍润，层次过渡明显，适中，片状、粒状结构，砂壤，中量根，有强烈碳酸盐反应，白色假菌丝体，无侵入体。

C 层，>67 cm，颜色：干为灰褐 10YR7/4；湿为暗褐。润，层次过渡明显，疏松，片状、粒状结构，少量根，砂壤，有强烈碳酸盐反应，灰色假菌丝体，无侵入体。

（黄土质）碳酸盐褐土剖面 8

剖面 9

类型：褐土性土（中国土壤，1998）

简育干润雏形土（中国土壤系统分类，1995）

采集地点：山西五台山树木园，海拔 1671 m，经纬度 N 38°59′05.3″、E 113°38′08.5″，植被类型为次生林，乔木为华北落叶松、白桦、山杨，郁闭度为 0.8，花岗片麻岩风化残积物。

土壤剖面描述：

A_1 层，0~9 cm，颜色：干为灰褐 10YR6/2；湿为暗褐，稍润，层次过渡明显，疏松，粒状结构，中壤，根盘结，无新生体，无侵入体。

A_2 层，9~47 cm，颜色：干为棕黄 10YR6/3；湿为暗棕色，稍润，层次过渡明显，疏松，粒状结构，中壤，大量根，白色假菌丝体，无侵入体。

B 层，47~79 cm，颜色：干为棕黄 10YR7/3；湿为暗棕色，稍润，层次过渡明显，疏松，粒状结构，轻壤，中量根，石砾含量 5%，假菌丝体，无侵入体。

C 层，79~110 cm，颜色：干为棕黄 10YR7/1；湿为暗棕色，稍润，层次过渡明显，疏松，粒状结构，无根系，砂壤，石砾含量 15%，无新生体，无侵入体。

褐土性土剖面 9

第三节　栗褐土

栗褐土是新订土类，具有褐土和栗钙土之间的过渡特征。栗褐土所处地形为我国黄土高原东端，海拔 700~1400 m 的低山、黄土丘陵、残垣、台坪、间山盆地、沟谷以及河流切割的阶地。区内经长期水蚀和风蚀左右的影响，地面切割沟壑密布，因而地貌特征呈现梁状、峁状、残垣、川谷相间排列。成土母质多为中生代地层和新生代晚第三纪红土层的古地形，上覆风成黄土，经水蚀、风蚀呈沟壑起伏和沟壑纵横的黄土高原地貌景观。山地有残积—坡积物，主要母岩有花岗岩、片麻岩、玄武岩、砂页岩和碳酸盐岩类风化物，山前地带和山间盆地多为洪积物，河流阶地多为黄土状物质。栗褐土区内由于受侵蚀不同，土体层次分化发生差异，土体构型一般为 A-B-C 型。侵蚀较轻的土壤发育较好，构型为 A-Bt-C 型，侵蚀较重的土体构型为 A-B(C)-D 型。该土类养分状况较差，磷素缺乏，通体石灰反映强烈，质地较轻，多为粉砂壤土。

剖面

类型：栗褐土(中国土壤发生分类，1987)

简育干润雏形土(中国土壤系统分类，1995)

采集地点：山西大同采凉山边儿场，海拔 1506 m，经纬度 N 40°11′38.2″、E 113°32′

35.3″，植被类型为油松人工林，郁闭度 0.6，黄土母质。

A 层，0~27 cm，颜色：干为棕色 10YR7/4；湿为深棕，润，层次过渡明显，适中，粒状结构，轻壤，有强烈碳酸盐反应，中量根，无新生体，无侵入体。

B_t 层，27~64 cm，颜色：干为亮棕 10YR6/4；湿为深棕，稍润，层次过渡明显，疏松，片状、粒状结构，轻壤，少量根，有强烈碳酸盐反应，钙积斑、假菌丝体，无侵入体。

C 层，>64 cm，颜色：干为亮棕 10YR6/3；湿为深棕，干，层次过渡明显，松散，粒状结构，无根系，砂壤，有强烈碳酸盐反应，无新生体，无侵入体。

栗褐土剖面

第四节　棕　壤

棕壤也称棕色森林土，是暖温带落叶阔叶林和针阔混交林下形成的土壤，棕壤地区气候条件的特点是夏季暖热多雨，冬季寒冷干旱，年平均气温为 5~14℃，10℃以上的积温为 3400~4500℃，季节性冻层深可达 50~100 cm，年降水量约为 500~1000 cm，干燥度在 0.5~1.0，无霜期 120~220 天。但由于受东南季风、海陆位置及地形影响，东西之间地域性差异极为明显。

棕壤在中国的分布，纵跨辽东与山东半岛，带幅大致呈北方向。另外，在半湿润半干旱地区的山地，如燕山、太行山、嵩山、秦岭、伏牛山、吕梁山和中条山的垂直带谱的褐土或淋溶土之上以及南部黄棕壤地区的山地上部有棕壤分布。

剖面 1

类型：棕壤(中国土壤发生分类，1987)

简育湿润淋溶土(中国土壤系统分类，1995)

采集地点：河北雾灵山国家级自然保护区莲花池，海拔 1767 m，经纬度 N 40°35′13.6″、E 117°28′43.8″，乔木为华北落叶松、白桦，郁闭度 0.85，砂砾、泥质岩类残积物母质。

A 层，0~27 cm，颜色：干为浅黑 7.5YR6/2；湿为黑色。湿，层次过渡明显，粒状结构，疏松，根盘结，中壤，无新生体，无侵入体。

B 层，27~44 cm，颜色：干为棕色 10YR5/1；湿为棕黑。潮，层次过渡明显，粒状结构，适中，中量根，黏质、中壤，无新生体，无侵入体。

BC 层，44~100 cm，颜色：干为棕色 10YR5/1；湿为黄棕。潮，层次过渡明显，块状、核状结构，松散，少量根，石砾含量 30%，黏质、砂壤，铁锰胶粒，无侵入体。

棕壤剖面 1

剖面 2

类型：(中腐厚层粗散状)棕壤(中国土壤发生分类，1987)

简育湿润淋溶土(中国土壤系统分类，1995)

采集地点：河北雾灵山国家级自然保护区界标处，海拔 1476 m，经纬度 N 40°34′12.0″、E 117°28′25.1″，乔木为油松、蒙古栎、五角枫、山柳、臭椿，郁闭度 0.95，花岗正长岩风化物母质。

A 层，0~40 cm，颜色：干为棕黄 10YR7/2；湿为棕褐色。潮，层次过渡明显，粒状结构，适中，根盘结，中壤，假菌丝体，无侵入体。

AB 层，40~59 cm，颜色：干为浅棕黄 7.5YR6/3；湿为深棕色。潮，层次过渡明显，粒状结构，适中，大量根，中壤，无新生体，白色菌丝体。

B 层，59~98 cm，颜色：干为浅棕色 7.5YR6/2；湿为深棕色。润，层次过渡明显，粒状结构，适中，中量根，中壤，无新生体，无侵入体。

C 层，>98 cm，颜色：干为暗棕色 7.5YR6/2；湿为深褐色。润，层次过渡明显，块状、核状结构，适中，无根系，石砾含量 30%，砂质，无新生生体，无侵入体。

（中腐厚层粗散状）棕壤剖面 2

剖面 3

类型：棕壤（中国土壤发生分类，1987）

简育湿润淋溶土（中国土壤系统分类，1995）

采集地点：河北雾灵山国家级自然保护区仙人塔，海拔 1357 m，经纬度 N 40°33′41.2″、E 117°28′14.9″，乔木为油松、白桦、乌桐杨，郁闭度 0.8，砂砾岩残积物母质。

A 层，0~29 cm，颜色：干为浅棕 10YR7/4；湿为暗灰棕。潮，层次过渡明显，粒状结构，疏松，大量根，中壤，无新生体，无侵入体。

B_1 层，29~53 cm，颜色：干为棕色 10YR7/2；湿为黄棕。润，层次过渡明显，粒状结构，疏松，中量根，黏质、中壤，无新生体，无侵入体。

B_2 层，53~109 cm，颜色：干为棕色 10YR7/3；湿为黄棕。稍润，层次过渡明显，粒状结构，适中，中量根，黏质、中壤，无新生体，无侵入体。

C 层，>109 cm，颜色：干为灰色 10YR7/3；湿为灰白。稍润，层次过渡明显，块状、核状结构，松散，无根系，石砾含量 100%，黏质、中壤，无新生体，无侵入体。

棕壤剖面 3

剖面 4

类型：酸性棕壤(中国土壤发生分类，1987)

简育湿润淋溶土(中国土壤系统分类，1995)

采集地点：山东泰山普照寺，海拔 274 m，经纬度 N 36°12′43.1″、E 117°06′49.7″，乔木为麻栎、油松、榆树、侧柏，郁闭度 0.95，母岩为角闪片麻岩，风化残积-坡积物母质。

A 层，0~39 cm，颜色：干为黄棕 7.5YR6/4；湿为黑棕。稍润，层次过渡明显，疏松，粒状结构，根盘结，石砾含量 10%，轻壤，白色菌丝体，无侵入体。

C 层，>39 cm，颜色：干为浅黄橙；湿为黄橙色。干，层次过渡明显，粒状、块状结构，松散，少量根，石砾含量 70%，黏质、砂质壤土，无新生体，无侵入体。

棕壤剖面 4

剖面 5

类型：普通棕壤(中国土壤发生分类，1987)

简育湿润淋溶土(中国土壤系统分类，1995)

采集地点：山东泰安西科学山，海拔 219 m，经纬度 N 36°12′19. 1″、E 117°05′39. 0″，乔木为侧柏、刺槐、圆柏、君迁子、苦楝，郁闭度 0. 5，角闪片麻岩，坡积物母质。

A 层，0~6 cm，颜色：干为灰棕色 10YR3/2；湿为暗棕色。润，层次过渡明显，松散，粒状结构，根盘结，轻壤，无新生体，无侵入体。

B 层，6~30 cm，颜色：干为亮棕色 7. 5YR6/4；湿为暗棕色。润，层次过渡明显，松散，粒状结构，大量根，石砾含量 10%，中壤，石灰斑点，无侵入体。

BC 层，>30 cm，颜色：干为棕色 10YR6/4；湿为黄棕色。干，层次过渡明显，粒状、核状结构，紧实，少量根，石砾含量 50%，砂质，铁锈斑，无侵入体。

棕壤剖面 5

剖面 6

类型：白浆化棕壤(中国土壤发生分类，1987)

漂白湿润淋溶土(中国土壤系统分类，1995)

采集地点：山东泰山疗养院，海拔 512 m，经纬度 N 36°15′22.8″、E 117°06′19.2″，植被类型为次生林，侧柏、油松，郁闭度 0.6，片麻岩残积、坡积物母质。

A 层，0~8 cm，颜色：干为暗棕 2.5YR5/2；湿为黑棕色。润，层次过渡明显，粒状结构，松散，根盘结，轻壤，锈纹，无侵入体。

A_w 层，8~30 cm，颜色：干为灰棕 10YR7/3；湿为淡棕色。稍润，层次过渡明显，片状、粒状结构，疏松，根盘结，石砾含量 20%，中壤，无新生体，无侵入体。

Bt 层，30~66 cm，颜色：干为橙棕 10YR7/4；湿为亮棕色。稍润，层次过渡不明显，柱状、块状结构，适中，中量根，石砾含量 30%，砂质，无新生体，无侵入体。

BC 层，>66 cm，颜色：干为浅棕色 10YR6/6；湿为亮橙。干，层次过渡明显，柱状、块状结构，紧实，少量根，石砾含量 50%，砂质，无新生体，无侵入体。

白浆化棕壤剖面 6

剖面 7

类型：棕壤性土（中国土壤发生分类，1987）

简育湿润雏形土（中国土壤系统分类，1995）

采集地点：山西繁峙县五台山太平沟，海拔 2240 m，经纬度 N 39°04′02.5″、E 113°40′12.2″，植被类型为人工林，华北落叶松、云杉，郁闭度 0.7，花岗、片麻岩，风化残积物母质。

A 层，0~31 cm，颜色：干为黄褐 10YR6/2；湿为灰褐。润，层次过渡明显，粒状结构，疏松，根盘结，中壤，无新生体，白色菌丝体。

B 层，31~37 cm，颜色：干为黑 7.5YR7/4；湿为黑。润，层次过渡明显，片状、粒状结构，松散，大量根，石砾含量 10%，中壤，无新生体，白色菌丝体。

BC 层，37~64 cm，颜色：干为土黄 10YR6/3；湿为浅黄。潮，层次过渡明显，适中，少量根，石砾含量 40%，砂壤，无新生体，无侵入体。

C 层，64~90 cm，颜色：干为褐 10YR6/3；湿为褐。润，层次过渡明显，片状、粒状结构，适中，少量根，石砾含量 50%，砂质，无新生体，无侵入体。

棕壤性土剖面 7

第五节 暗棕壤

暗棕壤是在温带湿润季风气候和针阔混交林下发育形成的，剖面构型为 O-AB-Bt-C，表层腐殖质积聚，全剖面呈中至微酸性反应，盐基饱和度 60%~80%，剖面中部黏粒和铁锰含量均高于其上下两层的淋溶土。暗棕壤又名暗棕色森林土，过去曾一度被称为棕色灰化土、灰棕壤。直到 1960 年，经第一次全国土壤普查，才正式确立为暗棕色森林土即暗棕壤。

剖面 1

类型：暗棕壤(中国土壤发生分类，1987)

暗沃冷凉湿润雏形土(中国土壤系统分类，1995)

采集地点：山东泰山朱洪场，海拔 991 m，经纬度 N 36°15′27. 3″、E 117°04′58. 5″，植被类型为次生林，乔木为次生林，片麻岩，坡积物母质。

土壤剖面描述：

A_0 层，3~0 cm，层次过渡明显，中壤，无新生体，无侵入体。

A_1 层，0~17 cm，层次过渡明显，根盘结，粒状结构，疏松，粒状结构，轻壤，无新生体，无侵入体。

A_2层，17~89 cm，颜色：干为灰褐色10YR5/3；湿为暗褐色。润，层次过渡不明显，疏松，粒状结构，轻壤，根盘结，石砾含量5%，菌丝体，无侵入体。

B层，89~125 cm，颜色：干为亮棕色10YR6/3；湿为暗棕色。润，层次过渡不明显，疏松，粒状结构，中壤，中量根，菌丝体，无侵入体。

C层，>125 cm，颜色：干为橘黄色10YR7/4；湿为棕色。潮，层次过渡明显，适中，粒状、块状结构，无根系，石砾含量20%，砂壤，无新生体，无侵入体。

暗棕壤剖面1

剖面2

类型：暗棕壤(中国土壤发生分类，1987)

暗沃冷凉湿润雏形土(中国土壤系统分类，1995)

采集地点：山西省忻州市五寨县芦芽山荷叶坪，海拔2568 m，经纬度N 38.72867°、E 111.8658636°，植被类型为天然林，乔木为云杉林，砾岩，残积物母质。

A层，0~5 cm，颜色：干为灰褐色10YR5/3；湿为棕褐色。潮，层次过渡不明显，适中，粒状结构，轻壤，根少量，石砾含量5%以下，无新生体，无侵入体。

B层，5~85 cm，颜色：干为亮棕色10YR6/3；湿为暗棕色。潮，层次过渡明显，疏松，粒状结构，中壤，根多量，无新生体，无侵入体。

C层，>85 cm，颜色：干为橘黄色10YR7/4；湿为棕色。潮，层次过渡明显，适中，粒状、块状结构，无根系，石砾含量20%，砂壤，无新生体，无侵入体。

暗棕壤剖面2

剖面3

类型：暗棕壤(中国土壤发生分类，1987)

暗沃冷凉湿润雏形土(中国土壤系统分类，1995)

采集地点：北京市门头沟区灵山南沟实验场，海拔1979 m，经纬度N 40.0378636°、E 115.46808°，植被类型为天然林，乔木为华北落叶松、硕桦，灌木为金樱子、六道木等，花岗岩，坡残积物母质。

A_0层，13~0 cm，层次过渡明显，根少量，无新生体，无侵入体。

A_1层，0~20 cm，颜色：干为灰褐色10YR5/3；湿为棕褐色。潮，层次过渡不明显，根中量，疏松，团粒结构，轻壤，无新生体，无侵入体。

B_1层，20~42 cm，颜色：干为灰褐色10YR5/3；湿为棕褐色。潮，层次过渡明显，疏松，粒状结构，轻壤，根盘结，石砾含量无，无新生体，无侵入体。

B_2层，42~83 cm，颜色：干为亮棕色10YR6/3；湿为暗棕色。潮，层次过渡不明显，疏松，粒状结构，中壤，少量根，无新生体，无侵入体。

C层，>83 cm，颜色：干为橘黄色10YR7/4；湿为棕色。潮，层次过渡明显，适中，粒状、块状结构，无根系，石砾含量20%，砂壤，无新生体，无侵入体。

暗棕壤剖面 3

第六节　砂姜黑土

砂姜黑土是在暖温带半湿润气候条件下，主要受地方性因素(地形、母质、地下水)及生物因素作用，形成的一种半水成土壤。剖面构型为黑土层—脱潜层—砂姜层。在 1.5 m 控制层段内，必须同时具有黑土层与砂姜层两个基本层次，而且黑土层上覆的近期浅色沉积物厚度必须<60 cm。

剖面 1

类型：石灰性砂姜黑土(中国土壤发生分类，1987)

砂姜钙积潮湿变性土(中国土壤系统分类，1995)

采集地点：山东章丘白云湖北，海拔 31 m，经纬度 N 36°51′38.9″、E 117°21′08.7″，植被类型为杨树人工林，郁闭度 0.7，湖积物。

A 层，0~60 cm，颜色：干为浊黄棕 10YR6/2；湿为黑色。润，层次过渡明显，疏松，粒状、块状结构，中壤，根量中量，有强烈碳酸盐反应，无新生体，菌丝体，贝壳类，侵入体。

B 层，60~110 cm，颜色：干为浊黄棕 10YR6/2；湿为黑色。潮，层次过渡明显，疏松，片状、块状结构，重壤，少量根，有强烈碳酸盐反应，砂姜锈斑多，菌丝体，侵入体。

C 层，>110 cm，颜色：干为灰棕 10YR6/2；湿为暗棕。潮，层次过渡明显，紧实，片状、块状结构，无根系，黏质，有强烈碳酸盐反应，砂姜锈斑、铁锰结核，无侵入体。

石灰性砂姜黑土剖面 1

剖面 2

类型：碱化砂姜黑土（中国土壤发生分类，1987）

砂姜钙积潮湿变性土（中国土壤系统分类，1995）

采集地点：山东章丘白云湖南，海拔 27 m，经纬度 N 36°50′13.5″、E 117°23′47.0″，植被类型为杨树林，郁闭度 0.4，湖相沉积物。

A 层，0~25 cm，颜色：干为灰褐 10YR6/1；湿为黑色。稍润，层次过渡明显，紧实，粒状结构，重壤，大量根，有强烈碳酸盐反应，无新生体，蜗牛壳、蚯蚓等侵入体。

B_1 层，25~50 cm，颜色：干为灰褐 10YR6/1；湿为黑棕。干，层次过渡明显，极紧实，块状结构，中壤，中量根，有强烈碳酸盐反应，铁锰结核，蜗牛壳。

B_2 层，50~87 cm，颜色：干为黄棕 10YR7/1；湿为黄棕。干，层次过渡明显，极紧实，块状结构，中壤，少量根，有强烈碳酸盐反应，铁锈斑，无侵入体。

C 层，>87 cm，颜色：干为黄亮 10YR7/2；湿为暗黄。潮，层次过渡明显，疏松，粒状结构，无根系，黏质，有强烈碳酸盐反应，铁锈斑，无侵入体。

剖面综合特征：表层碱化特征明显，地表为瓦状结皮，结皮下有海绵状孔隙，黑土层、脱潜层和砂姜层明显。

碱化砂姜黑土剖面 2

第七节　潮　土

潮土是发育于富含碳酸盐或不含碳酸盐的河流冲积物土，受地下潜水作用，经过耕作熟化而形成的一种半水成土壤。土壤腐殖积累过程较弱。具有腐殖质层(耕作层)、氧化还原层及母质层等剖面层次，沉积层理明显。

剖面 1

类型：盐化潮土(中国土壤发生分类，1987)

弱盐淡色潮湿雏形土(中国土壤系统分类，1995)

采集地点：山东章丘小清河北中孟车家村，海拔 16 m，经纬度 N 36°54′11. 6″、E 117°23′00. 3″，荒地，灌木为黄荆，郁闭度 0. 9，河湖相沉积物。

A 层，0~33 cm，颜色：干为浅灰 10YR6/3；湿为黄棕。潮，层次过渡明显，疏松，粒状结构，重壤，大量根，无新生体，无侵入体。

AB 层，33~63 cm，颜色：干为棕色 10YR7/3；湿为棕褐。潮，层次过渡明显，松散，块状、粒状结构，黏质壤土，中量根，有强烈碳酸盐反应，无新生体，无侵入体。

B_1 层，63~90 cm，颜色：干为灰褐色 10YR7/4；湿为棕褐。湿，层次过渡明显，疏松，块状结构，黏质壤土，少量根，有强烈碳酸盐反应，锈纹锈斑，无侵入体。

B_2 层，90~103 cm，颜色：干为棕黄 10YR7/4；湿为暗褐。湿，层次过渡明显，疏松，粒状、核状结构，黏质壤土，少量根，锈纹锈斑，无侵入体。

C 层，>103 cm，颜色：干为灰褐 10YR7/4；湿为暗褐。湿。层次过渡明显，疏松，粒状结构，少量根，黏质壤土，有强烈碳酸盐反应，锈纹锈斑，无侵入体。

盐化潮土剖面 1

剖面 2

类型：(壤质氯化物)盐化潮土(中国土壤发生分类，1987)

弱盐淡色潮湿雏形土(中国土壤系统分类，1995)

采集地点：山东章丘垛寨，海拔 23 m，经纬度 N 36°54′11.5″、E 117°23′00.3″，植被类型为杨树人工林，郁闭度 0.6，冲积物母质。

A 层，0~14 cm，颜色：干为灰褐 10YR6/3；湿为深褐。稍润，层次过渡明显，疏松，核状、粒状结构，中壤，有强烈碳酸盐反应，中量根，无新生体，无侵入体。

AB 层，14~30 cm，颜色：干为褐色 10YR6/3；湿为深褐。稍润，层次过渡明显，疏松，粒状结构，重壤，少量根，有强烈碳酸盐反应，无新生体，无侵入体。

B_1 层，30~63 cm，颜色：干为浅棕 7.5YR7/3；湿为褐色。润，层次过渡明显，松散，块状结构，黏质壤土，少量根，有强烈碳酸盐反应，无新生体，无侵入体。

B_2 层，63~109 cm，颜色：干为浅棕 10YR7/3；湿为暗褐。稍润，层次过渡明显，疏松，粒状结构，砂壤，少量根，有强烈碳酸盐反应，无新生体，无侵入体。

C 层，>109 cm，颜色：干为浅棕 10YR7/4；湿为暗褐。润，层次过渡明显，适中，粒状结构，少量根，黏质壤土，有强烈碳酸盐反应，无新生体，无侵入体。

（壤质氯化物）盐化潮土剖面 2

剖面 3

类型：盐化潮土（中国土壤发生分类，1987）

弱盐淡色潮湿雏形土（中国土壤系统分类，1995）

采集地点：山东东营六户，海拔 3 m，经纬度 N 37°24′22.5″、E 118°44′27.9″，植被类型为荒地，郁闭度 0.6，海相沉积物。

A 层，0~7 cm，颜色：干为浅灰 10YR6/3；湿为棕色。润，层次过渡不明显，疏松，粒状结构，轻壤，大量根，有强烈碳酸盐反应，无新生体，无侵入体。

B_1 层，7~32 cm，颜色：干为浅灰 10YR6/3；湿为棕色。润，层次过渡不明显，疏松，粒状结构，中壤，中量根，有强烈碳酸盐反应，无新生体，无侵入体。

B_2 层，32~48 cm，颜色：干为灰黄 10YR6/3；湿为黑棕。潮，层次过渡明显，疏松，粒状结构，中壤，中量根，中等碳酸盐反应，锈纹锈斑，无侵入体。

Bp 层，48~81 cm，颜色：干为灰兰 10YR7/2；湿为兰。潮，层次过渡明显，适中，片状结构，黏质壤土，少量根，中等碳酸盐反应，锈纹锈斑，贝壳。

C 层，>81 cm，颜色：干为灰棕 10YR7/3；湿为黑棕。湿，层次过渡明显，适中，块状结构，无根系，黏质壤土，中等碳酸盐反应，无新生体，无侵入体。

盐化潮土剖面 3

剖面 4

类型：碱化潮土（中国土壤发生分类，1987）

淡色潮湿雏形土（中国土壤系统分类，1995）

采集地点：山东章丘高官镇南孟村，海拔 31 m，经纬度 N 36°54′40.7″、E 117°21′29.1″，植被类型为杨树人工林，郁闭度 0.65，河流沉积物母质。

A 层，0~42 cm，颜色：干为浊黄橙 10YR5/3；湿为棕色。润，层次过渡明显，块状、粒状结构，疏松，中量根，有剧烈碳酸盐反应，中壤，无新生体，蚯蚓粪。

B_1 层，42~53 cm，颜色：干为浊黄橙 10YR5/3；湿为暗棕。润，层次过渡明显，粒状结构，松散，少量根，有剧烈碳酸盐反应，中壤，无新生体，无侵入体。

B_2 层，53~100 cm，颜色：干为灰白 10YR7/3；湿为灰褐。润，层次过渡明显，粒状结构，疏松，大量根，有剧烈碳酸盐反应，中壤，绣纹锈斑，无侵入体。

C 层，>100 cm，颜色：干为青灰 10YR7/4；湿为褐色。潮，层次过渡明显，片状结构，疏松，少量根，有剧烈碳酸盐反应，砂质壤土，无新生体，无侵入体。

石灰性潮土剖面 4

第八节　粗骨土

剖面

类型：(砂页岩类)中性粗骨土(中国土壤发生分类，1987)

石质干润正常新成土(中国土壤系统分类，1995)

采集地点：山东章丘市普集镇河堤村玉皇山，海拔 167 m，经纬度 N 36°41′38.0″、E 117°38′29.3″，荒山，灌木为黄荆，郁闭度 0.25，砂页岩风化坡积物。

A 层，0~70 cm，颜色：干为棕色 10YR5/3；湿为暗棕。稍润，层次过渡明显，紧实，粒状结构，轻壤，少量根，石砾含量 5%，无新生体，无侵入体。

B 层，70~12 0 cm，颜色：干为灰白 7.5YR8/1；湿为亮棕。稍润，层次过渡明显，适中，片状结构，砂壤，少量根，无新生体，铁质锈斑。

BC 层，>120 cm，颜色：干为灰 10YR7/3；湿为棕色。润，层次过渡明显，疏松，片状结构，无根系，黏壤，无新生体，铁质锈斑。

（砂页岩类）中性粗骨土剖面

第九节　山地草甸土

发育于地势低平、受地下水或潜水的直接浸润并生长草甸植物的土壤。属半水成土。其主要特征是有机质含量较高，腐殖质层较厚，土壤团粒结构较好，水分较充分。分布在世界各地平原地区。

剖面 1

类型：山地草甸土（中国土壤发生分类，1987）

冷凉湿润雏形土（中国土壤系统分类，1995）

采集地点：山西五台山北台顶，海拔 2940 m，经纬度 N 39°04′39.7″、E 113°34′30.1″，花岗片麻岩风化残积物。

A_0 层，0~10 cm，颜色：干为棕褐 10YR7/4；湿为暗棕。潮，层次过渡明显，疏松，粒状结构，中壤，根盘结，石砾含量 5%，无新生体，无侵入体。

A_1 层，10~28 cm，颜色：干为黄棕 7.5YR5/3；湿为灰褐。潮，层次过渡不明显，疏松，粒状结构，中壤，大量根，石砾含量 5%，无新生体，无侵入体。

B 层，28~61 cm，颜色：干为暗棕 10YR6/3；湿为深褐。潮，层次过渡明显，疏松，粒状、核状结构，重壤，少量根，无新生体，无侵入体。

C 层，>61 cm，颜色：干为黄棕 10YR7/3；湿为浊黄。干，层次过渡明显，松散，片状、粒状、块状结构，石砾含量 70%，黏壤，无新生体，无侵入体。

山地草甸土剖面 1

剖面 2

类型：山地草甸土(中国土壤发生分类，1987)

有机滞水常湿雏形土(中国土壤系统分类，1995)

采集地点：山西五台山中台，海拔 2553 m，经纬度 N 39°03′51.6″、E 113°37′29.7″，片麻岩、千枚岩，风化残积物母质。

O 层，0~9 m，颜色：干为暗棕色 10YR7/3；湿为棕褐色。润，层次过渡明显，疏松，粒状结构，中壤，大量根，无新生体，无侵入体。

A，9~55 cm，颜色：干为黄棕色 2.5YR5/3；湿为暗棕色。润，层次过渡明显，疏松，粒状结构，轻壤，中量根，铁锈斑，无侵入体。

B 层，55~81 cm，颜色：干为灰棕色 7.5YR6/2；湿为暗棕色。润，层次过渡明显，疏松，粒状、片状结构，轻壤、砂质，少量根，铁锈斑，无侵入体。

C 层，>81 cm，颜色：干为灰棕色 10YR6/2；湿为棕色。稍润，层次过渡明显，疏松，块状、粒状结构，无根系，黏壤，石砾含量 20%，铁锈斑，无侵入体。

山地草甸土剖面 2

剖面 3

类型：山地灌丛草甸土(中国土壤发生分类，1987)

有机滞水常湿雏形土(中国土壤系统分类，1995)

采集地点：河北雾灵山国家级自然保护区，海拔 2067 m，经纬度 N 40°35′58.4″、E 117°28′43.5″，乔木为华北落叶松，郁闭度 1.0，花岗片麻岩风化残积物。

A_0 层，0~15 cm，颜色：干为灰褐色 10YR7/4；湿为深褐色。潮，层次过渡明显，松散，粒状结构，轻壤，根盘结，无新生体，无侵入体。

A_1 层，15~30 cm，颜色：干为灰褐色 10YR7/4；湿为深褐色。潮，层次过渡明显，松散，粒状结构，轻壤，大量根，无新生体，无侵入体。

B 层，30~58 cm，颜色：干为棕黄色 10YR7/2；湿为浊黄色。润，层次过渡明显，疏松，粒状结构，砂质、中壤，中量根，石砾含量 10%，无新生体，无侵入体。

C 层，58~80 cm，颜色：干为棕黄色 10YR6/2；湿为浊黄色。润，层次过渡明显，松散，块状结构，少量根，黏质壤土，石砾含量 60%，无新生体，无侵入体。

山地灌丛草甸土剖面 3

剖面 4

类型：山地灌丛草甸土(中国土壤发生分类，1987)

有机滞水常湿雏形土(中国土壤系统分类，1995)

采集地点：山东泰山望海石西，海拔 1512 m，经纬度 N 36°15′22.8″、E 117°06′19.2″，乔木为花楸，郁闭度 0.9，花岗片麻岩，风化残积、坡积物母质。

A 层，0~15 cm，颜色：干为灰暗棕色 10YR3/2；湿为黑棕色。稍润，层次过渡明显，疏松，粒状、核状结构，轻壤，石砾含量 5%，根盘结，无侵入体。

B 层，15~50 cm，颜色：干为黄棕色 10YR6/4；湿为暗棕色。稍润，层次过渡明显，疏松，粒状、块状结构，轻壤，大量根，石砾含量 20%，无新生体，无侵入体。

C 层，>50 cm，颜色：干为浊黄棕色 10YR7/3；湿为暗棕色。稍润，层次过渡明显，松散，块状、粒状结构，中量根，黏质、轻壤，石砾含量 50%，无新生体，无侵入体。

山地灌丛草甸土剖面 4

剖面 5

类型：山地草原草甸土(中国土壤发生分类，1987)

冷凉湿润雏形土(中国土壤系统分类，1995)

采集地点：山西大同采凉山山顶，海拔 1786 m，经纬度 N 40°13′07.8″、E 113°31′10.3″，植被类型为荒山，郁闭度 0.6，花岗片麻岩风化残积物母质。

A_0 层，0~13 cm，颜色：干为浅灰 10YR7/2；湿为暗棕。稍润，层次过渡明显，根盘结，粒状、核状结构，适中，粒状结构，石砾含量 10%，砂壤，无新生体，无侵入体。

A_1 层，13~48 cm，颜色：干为灰褐 10YR7/3；湿为暗褐。润，层次过渡明显，适中，片状、粒状结构，中量根，中壤，无新生体，无侵入体。

B 层，48~70 cm，颜色：干为棕黄 10YR7/3；湿为浊棕。稍润，层次过渡不明显，疏松，粒状结构，少量根，轻壤，无新生体，无侵入体。

C 层，>70 cm，颜色：干为灰褐 10YR7/3；湿为深褐。干，层次过渡明显，粒状、核状结构，松散，无根系，石砾含量 60%，黏壤，无新生体，无侵入体。

山地草原草甸土剖面 5

第十节　栗钙土

剖面 1

类型：栗钙土(中国土壤发生分类，1987)

黏化钙积干润均腐土(中国土壤系统分类，1995)

采集地点：山西大同采凉山，海拔 1225 m，经纬度 N 40°08′25.2″、E 113°29′21.7″，植被类型为杨树人工林，郁闭度 0.4，黄土母质。

A 层，0~22 cm，颜色：干为黄色 10YR6/2；湿为栗黄。稍润，层次过渡明显，适中，粒状结构，砂壤，中量根，有强烈碳酸盐反应，无新生体，无侵入体。

B 层，>22 cm，颜色：干为浅灰 10YR6/1；湿为栗色。稍润，层次过渡明显，紧实，粒状、核状结构，少量根，有强烈碳酸盐反应，黏壤，钙积层厚，无侵入体。

栗钙土剖面 1

剖面 2

类型：栗钙土(中国土壤发生分类，1987)

黏化钙积干润均腐土(中国土壤系统分类，1995)

采集地点：内蒙古呼和浩特市土左旗黑牛沟，海拔 1204 m，经纬度 N 40.79972°、E 111.20608°，植被类型为油松和蒙古栎针阔混交林，郁闭度 0.35，灌木主要为虎榛子、绣绒菊，草本主要为羊胡草、黄精、唐松草、蒿、猫眼草、小玉竹、曲枝天门冬等，盖度 60%。花岗岩、石灰岩母岩，残积物母质，轻度沟蚀。

A 层，0~20 cm，颜色：干为黄色 10YR6/2；湿为棕黄。干，层次过渡明显，松散，单粒，轻壤，有较强烈碳酸盐反应，少量根，无新生体，无侵入体。

A_k 层，20~36 cm，颜色：干为亮棕 10YR7/2；湿为棕色。干，层次过渡明显，松散，团粒结构，轻壤，少量根，有剧烈碳酸盐反应，钙斑，无侵入体。

B_k 层，36~60 cm，颜色：干为亮棕 10YR7/2；湿为暗黄。干，层次过渡明显，适中，核状、块状结构，轻壤，少量根，有剧烈碳酸盐反应，钙斑，无侵入体。

C 层，>60 cm，颜色：干为亮棕 10YR7/2；湿为暗黄。润，层次过渡明显，松散，块状、核状结构，无根系，砂壤，有强烈碳酸盐反应，无新生体，无侵入体。

栗钙土剖面 2

剖面 3

类型：栗钙土性土（中国土壤发生分类，1987）

简育干润雏形土（中国土壤系统分类，1995）

采集地点：山西大同西关采凉山，海拔 1327 m，经纬度 N 40°10′19.0″、E 113°33′42.7″，植被类型为杨树林，郁闭度 0.4，黄土母质。

A 层，0~35 cm，颜色：干为棕色 10YR7/2；湿为棕黄。稍润，层次过渡明显，适中，粒状结构，轻壤，有强烈碳酸盐反应，大量根，无新生体，无侵入体。

B_1 层，35~61 cm，颜色：干为浅棕 7.5YR7/3；湿为棕色。干，层次过渡明显，适中，粒状结构，轻壤，中量根，有强烈碳酸盐反应，钙斑，无侵入体。

B_2 层，61~97 cm，颜色：干为亮棕 10YR7/2；湿为暗黄。干，层次过渡明显，疏松，粒状结构，轻壤，少量根，有强烈碳酸盐反应，钙斑，无侵入体。

C 层，>97 cm，颜色：干为亮棕 10YR7/2；湿为暗黄。润，层次过渡明显，松散，块状、核状结构，无根系，砂壤，有强烈碳酸盐反应，无新生体，无侵入体。

栗钙土性土剖面 3

第十一节 滨海盐土

剖面

类型：滨海潮滩盐土(中国土壤发生分类，1987)

海积潮湿正常盐成土(中国土壤系统分类，1995)

采集地点：山东东营六户，海拔 4 m，经纬度 N 37°26′35.2″、E 118°48′22.3″，郁闭度 0.3，海相沉积物母质。

A 层，0~5 cm，颜色：干为浅灰 7.5YR3/2；湿为灰黑。潮，层次过渡不明显，粒状结构，疏松，中量根，有剧烈碳酸盐反应，轻壤，绣纹，无侵入体。

B_1 层，5~20 cm，颜色：干为浅灰 10YR6/4；湿为灰黄。潮，层次过渡不明显，粒状结构，疏松，中量根，有剧烈碳酸盐反应，轻壤，绣纹锈斑，无侵入体。

B_2 层，20~84 cm，颜色：干为浅灰 10YR7/4；湿为灰黄。潮，层次过渡不明显，片状结构，适中，大量根，有剧烈碳酸盐反应，中壤，绣纹绣斑，无侵入体。

Bp 层，84~99 cm，颜色：干为灰蓝 10YR6/3；湿为蓝。湿，层次过渡明显，粒状结构，适中，中量根，有剧烈碳酸盐反应，黏质，绣纹锈斑，无侵入体。

C 层，>99 cm，颜色：干为暗灰 10YR6/3；湿为灰黑。湿，层次过渡明显，块状结构，适中，少量根，砂壤，无新生体，无侵入体。

滨海潮滩盐土剖面

第四章　东南地区

第一节　区域介绍

东南地区主要包括江苏、浙江、安徽、江西、福建、海南、广西、广东及上海等9省(自治区、直辖市)，东南地区属温暖湿润的亚热带海洋性季风气候和热带季风气候，气候温和，多数地区为长夏无冬，年平均气温17~21℃，平均降雨量1400~2000 mm。由于东南地区得天独厚的气候条件，区内森林类型多、植被覆盖率高，为了充分反映该区森林土壤实际状况，综合考虑前期工作基础及区域土壤、母质、林分、林龄、坡向、坡位等诸多因素，本调查区域包括江苏、浙江、安徽、江西、福建、海南及上海7省(直辖市)，调查的森林树种包括：杨树、柳树、杉木、马尾松、火力楠、桉树、毛竹、茶、马褂木、木荷、黑松、栓皮栎等；调查的主要土壤类型包括：红壤、赤红壤、山地红壤、山地黄红壤、黄壤、山地黄壤、黄褐土、黄棕壤等地带性土壤，还有滨海盐土、潮土、灌淤潮土等非地带性土壤；从山地、丘陵到平原，涉及的成土母岩类型主要有花岗岩、长石砂岩、石英砂岩、石灰岩、红土、次生黄土等。

第二节　红　壤

剖面1

类型：红壤(中国土壤发生分类，1987)

黏化湿润富铁土(中国土壤系统分类，1995)

剖面分布于海南定安县赛王村附近，人工竹林植被类型，林下无灌木，草本是芦苇，郁闭度46°，母岩为沉积岩，坡积物母质，轻度水蚀。

O层，3~0 cm，主要为半腐殖化的人工竹林的落叶。

A层，0~15 cm，润，适中，粒状结构，石砾含量15%，中壤，无新生体，无侵入体，无碳酸盐反应。

E层，15~39 cm，润，紧实，块状结构，石砾含量21%，中壤，无新生体，无侵入体，无碳酸盐反应。

B层，39~68 cm，润，紧实，块状结构，石砾含量46%，轻壤，无新生体，无侵入体，无碳酸盐反应。

C层，68~102 cm，润，紧实，块状结构，石砾含量

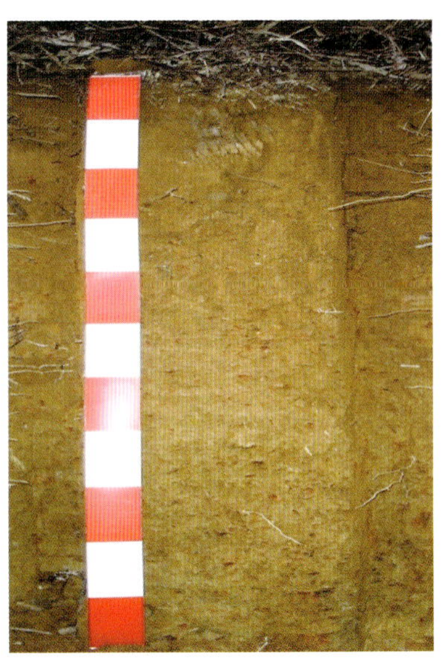

红壤剖面1

42%，轻壤，无新生体，无侵入体，无碳酸盐反应。

剖面 2

类型：红壤(中国土壤发生分类，1987)

黏化湿润富铁土(中国土壤系统分类，1995)

剖面分布于海南东方市市郊 4 000 m，人工桉树林植被类型，林下无灌木，草本主要是禾本科，母岩为沉积岩，残积物母质，轻度水蚀。

O 层，2~0 cm，主要为半腐殖化的人工林桉树落叶。

A 层，0~22 cm，干，适中，粒状结构，无石砾，轻壤，无新生体，无侵入体，无碳酸盐反应。

E 层，22~46 cm，稍润，紧实，粒状结构，无石砾，轻壤，无新生体，无侵入体，无碳酸盐反应。

B 层，46~79 cm，稍润，紧实，粒状结构，无石砾，砂壤，有蚁穴，无侵入体，无碳酸盐反应。

C 层，79~100 cm，稍润，紧实，粒状结构，无石砾，砂壤，无新生体，无侵入体，无碳酸盐反应。

红壤剖面 2

剖面 3

类型：红壤(中国土壤发生分类，1987)

黏化湿润富铁土(中国土壤系统分类，1995)

剖面分布于海南乐东县尖峰岭大凯林场实验队入口，人工林三叉苦植被类型，林下灌木为小叶谷木、三麻杆、多花野牡丹，草本是蟋蟀草，郁闭度 48°，坡度 12°，母岩为沉积岩，坡积物母质，轻度水蚀。

O 层，3~0 cm，主要为半腐殖化的人工林三叉苦的落叶。

A 层，0~21 cm，润，适中，块状结构，石砾含量 30%，重壤，无新生体，无侵入体，无碳酸盐反应。

E 层，21~40 cm，润，紧实，块状结构，石砾含量 27%，重壤，无新生体，无侵入体，无碳酸盐反应。

B 层，40~65 cm，稍润，紧实，块状结构，石砾含量 36%，中壤，无新生体，无侵入体，无碳酸盐反应。

C 层，65~100 cm，稍润，紧实，块状结构，石砾含量 42%，轻壤，无新生体，无侵入体，无碳酸盐反应。

红壤剖面 3

第三节　砖红壤

剖面 1

类型：砖红壤(中国土壤发生分类，1987)

暗红湿润铁铝土(中国土壤系统分类，1995)

剖面分布于海南儋州市西培农场乐便村西南 500 m，人工橡胶林植被类型，林下无灌木，草本主要是扒地龙，郁闭度 70%，母岩为沉积岩，残积物母质，无侵蚀。

O 层，2~0 cm，主要为半腐殖化的人工林橡胶落叶。

A 层，0~33 cm，稍润，适中，柱状结构，石砾含量 2%，中壤，无新生体，无侵入体，无碳酸盐反应。

E 层，33~56 cm，稍润，紧实，块状结构，无石砾，轻壤，无新生体，无侵入体，无碳酸盐反应。

B 层，56~82 cm，稍润，紧实，块状结构，石砾含量 5%，轻壤，无新生体，无侵入体，轻度碳酸盐反应。

C 层，82~110 cm，稍润，紧实，粒状结构，石砾含量 8%，轻壤，无新生体，无侵入体，无碳酸盐反应。

砖红壤剖面 1

剖面 2

类型：砖红壤(中国土壤发生分类，1987)

暗红湿润铁铝土(中国土壤系统分类，1995)

剖面分布于海南儋州市西培农场培瑞村南 2 km，人工橡胶林植被类型，林下无灌木，草本主要是扒地龙，郁闭度 72%，母岩为沉积岩，坡积物母质，无侵蚀。

O 层，4~0 cm，主要为半腐殖化的人工林橡胶落叶。

A 层，0~21 cm，稍润，紧实，块状结构，石砾含量 1%，轻壤，无新生体，无侵入体，无碳酸盐反应。

E 层，21~52 cm，润，极紧实，柱状结构，无石砾，中壤，无新生体，无侵入体，无碳酸盐反应。

B 层，52~84 cm，润，紧实，块状结构，石砾含量 5%，中壤，无新生体，无侵入体，无碳酸盐反应。

C 层，84~102 cm，润，紧实，块状结构，石砾含量 3%，中壤，无新生体，无侵入体，无碳酸盐反应。

砖红壤剖面 2

第四节　赤红壤

剖面 1

赤红壤剖面 1

类型：赤红壤(中国土壤发生分类，1987)

简育湿润铁铝土(中国土壤系统分类，1995)

剖面分布于海南儋州市两院实验农场五队西北，人工橡胶林植被类型，林下灌木主要是刺木，草本主要是扒地龙，郁闭度 75%，母岩为火成岩，残积物母质，轻度风蚀。

O 层，3~0 cm，主要为半腐殖化的人工林橡胶落叶。

A 层，0~28 cm，稍润，疏松，粒状结构，石砾含量 2%，轻壤，无新生体，无侵入体，无碳酸盐反应。

E 层，28~58 cm，润，紧实，块状结构，石砾含量 5%，砂壤，无新生体，无侵入体，无碳酸盐反应。

B 层，58~80 cm，润，紧实，块状结构，石砾含量 6%，砂壤，无新生体，无侵入体，无碳酸盐反应。

C 层，80~106 cm，潮，极紧实，块状结构，石砾含量 8%，砂壤，无新生体，无侵入体，轻度碳酸盐反应。

剖面 2

赤红壤剖面 2

类型：赤红壤(中国土壤发生分类，1989)

简育湿润铁铝土(中国土壤系统分类，1995)

剖面分布于海南五指山市毛道乡福光村西附近，人工凤凰木、竹子林植被类型，林下灌木为益智，草本为蕨类，郁闭度 65°，母岩为沉积岩，坡积物母质。

O 层，4~0 cm，主要为半腐殖化的人工林凤凰木、竹子的落叶。

A 层，0~20 cm，潮，紧实，粒状结构，石砾含量 8%，重壤，无新生体，无侵入体，无碳酸盐反应。

E 层，20 ~ 54 cm，潮，紧实，粒状结构，石砾含量 20%，重壤，无新生体，无侵入体，无碳酸盐反应。

B 层，54 ~ 81 cm，润，适中，粒状结构，石砾含量 56%，中壤，无新生体，无侵入体，无碳酸盐反应。

C 层，81 ~ 100 cm，润，适中，粒状结构，石砾含量 41%，中壤，无新生体，无侵入体，无碳酸盐反应。

剖面 3

类型：赤红壤(中国土壤发生分类，1987)

简育湿润铁铝土(中国土壤系统分类，1995)

剖面分布于海南儋州市王五镇附近儋州林场高速西线西侧不到 1 km 处，人工桉树林植被类型，林下无灌木，草本主要是山烟，郁闭度 42%，母岩为沉积岩，残积物母质，轻度侵蚀。

O 层，5~0 cm，主要为半腐殖化的人工林桉树落叶。

A 层，0~21 cm，稍润，疏松，粒状结构，无石砾，重壤，无新生体，无侵入体，无碳酸盐反应。

E 层，21~50 cm，稍润，疏松，粒状结构，无石砾，重壤，无新生体，有蚁穴，无碳酸盐反应。

B 层，50~84 cm，稍润，疏松，粒状结构，无石砾，重壤，无新生体，无侵入体，无碳酸盐反应。

C 层，84~102 cm，稍润，疏松，粒状结构，无石砾，重壤，无新生体，无侵入体，无碳酸盐反应。

赤红壤剖面 3

第五节　黄褐土

剖　面

类型：黄褐土(中国土壤发生分类，1987)

铁质湿润淋溶土(中国土壤系统分类，1995)

采集地点：江苏省南京市，地面侵蚀情况为中度水蚀，土地利用情况为林地，乔木为黑松、刺槐、麻栎等，灌木为青冈、野莓、芒萁等，草本为五节芒等，郁闭度 0.7，母质为黄土性堆积物。

O 层，3~0 cm。

A 层，0~25 cm，颜色：湿为黄棕 10YR5/8。润，疏松，多量根，粒状结构，中壤。

B 层，70~110 cm，颜色：湿为黄棕 10YR5/6。潮，紧实，少量根，块状结构，有碳酸盐反应，重壤。

剖面综合特征：剖面土层厚度超过 1 m，A 层粒状、疏松、根系较多，B 层较为紧实、根系较少。

黄褐土剖面

第六节 黄 壤

剖面 1

黄壤剖面 1

类型：黄壤(黄马肝土)(中国土壤发生分类，1987)

铝质常湿淋溶土(中国土壤系统分类，1995)

采集地点：安徽省郎溪县新发镇，地面侵蚀情况为一般，土地利用情况为马尾松、毛竹林，乔木为马尾松、毛竹林，灌木为青冈、芒萁、箬竹等，草本为狗脊、粉蕨，郁闭度 0.8，母质为下蜀系黄土母质。

O 层，3~0 cm。

A 层，0~35 cm，颜色：湿为棕 10YR4/6。潮，适中，粒状结构，多量根，中壤。

AB 层，35~60 cm，颜色：湿为黄棕 10YR5/6。潮，紧实，块状结构，中量根，重壤。

B 层，60~150 cm，颜色：湿为亮黄棕 2.5Y7/6。潮，紧实，块状结构，少根系，重壤。

剖面综合特征：下蜀系黄土母质上发育成熟的黄壤(黄马肝土)，有效土层深厚，A 层较为疏松、根系多，A 层以下较为紧实，根系减少。

剖面 2

山地黄壤剖面 2

类型：山地黄壤(中国土壤发生分类，1987)

铝质常湿淋溶土(中国土壤系统分类，1995)

采集地点：福建泉州市安溪县大坪乡，地面侵蚀情况为侵蚀较多，土地利用情况为茶地，无乔木，灌木为茶树为主，草本为铁芒萁、狗尾草、狗脊等，郁闭度 0.85，母岩为花岗岩，母质为花岗岩风化物。

O 层，3~0 cm。

A 层，0~15 cm，颜色：湿为淡黄 2.5Y7/4。润，适中，粒状结构，多量根，中壤。

B 层，15~75 cm，颜色：湿为浅淡黄 2.5Y8/4。潮，紧实，块状结构，少根系，石砾含量 10%，重壤。

剖面综合特征：剖面有效土层厚度不到 1 m，A 层粒状、疏松、根系较多，B 层稍紧，含少量石砾。

第七节　黄棕壤

剖面 1

(石灰性)黄棕壤剖面 1

类型：(石灰性)黄棕壤(中国土壤发生分类，1987)
　　　钙质湿润淋溶土(中国土壤系统分类，1995)

采集地点：江苏省南京市栖霞区汤山，地面侵蚀情况为中等，土地利用情况为林地，乔木为石竹、杂灌木，灌木为青冈、芒萁、箬竹等，草本为狗尾草、马唐草等，郁闭度 0.7，母岩为石灰岩，母质为石灰岩风化物。

O 层，3~0 cm。

A 层，0~20 cm，颜色：湿为暗红棕 5YR3/3。润，适中，粒状结构，多量根，中壤。

AB 层，20~50 cm，颜色：湿为暗红棕 5YR3/6。潮，紧实，块状结构，中量根，有弱碳酸盐反应，重壤。

B 层，50~100 cm，颜色：湿为红棕 5YR4/8。潮，紧实，块状结构，少根系，强烈碳酸盐反应，黏质。

剖面综合特征：石灰岩风化母质上发育成熟的石灰性黄棕壤，因石灰岩风化不一，形成裂隙土，土层深厚不一，部分地表岩石裸露，土壤有石灰反应。

剖面 2

黄棕壤剖面 2

类型：黄棕壤(中国土壤发生分类，1987)
　　　铁质湿润淋溶土(中国土壤系统分类，1995)

采集地点：江苏省句容县下蜀镇，地面侵蚀情况为中等，土地利用情况为林地，乔木为茅栗、苦槠、栓皮栎等，灌木为青冈、刚竹、芒萁、箬竹等，草本为桃金娘、蕨类等，郁闭度 0.9，母质为下蜀黄土。

O 层，5~0 cm。

A 层，0~30 cm，颜色：湿为棕 10YR4/4。润，疏松，粒状结构，多量根，中壤。

AB 层，30~65 cm，颜色：湿为黄棕 10YR5/6。潮，紧实，块状结构，中量根，重壤。

B 层，65~100 cm，颜色：湿为黄棕 10YR5/8。潮，紧实，块状结构，少根系，黏质。

剖面综合特征：下蜀黄土母质上发育成熟的黄棕壤，土层深厚，有效土层 2 m 以上，通常表层较为疏松，下层土壤相对较为紧实。

第八节　滨海盐土

剖　面

类型：滨海盐土(滨海砂壤)(中国土壤发生分类，1987)

海积潮湿正常盐成土(中国土壤系统分类，1995)

采集地点：江苏省盐城市大丰麋鹿保护区，地面侵蚀情况为无，土地利用情况为林地，乔木为刺槐、柳树，灌木为柽柳，草本为盐蒿、芦苇等，郁闭度 0.5，母质为海相沉积物。

上层，0~30 cm，颜色：湿为橄榄棕 2.5Y4/4。润，疏松，中量根，粒状结构，砂质。

中层，30~60 cm，颜色：湿为黄棕 2.5Y5/4。潮，适中，中量根，粒状结构，砂质。

下层，60~100 cm，颜色：湿为黄棕 2.5Y5/6。潮，适中，少量根，粒状结构，有弱碳酸盐反应，砂质。

剖面综合特征：海相淤积，深厚，砂质，较为疏松，但盐分较多。

滨海盐土剖面

第九节 潮 土

剖 面

类型：两合土(潮土)(中国土壤发生分类，1987)

湿润冲积新成土(中国土壤系统分类，1995)

采集地点：江苏省徐州市铜山县张集林场，土地利用情况为杨树人工林，乔木为杨树，无灌木，草本为莎草、薹草等，郁闭度 0.85，母质为黄泛淤积物。

O 层，2~0 cm。

上层，0~30 cm，颜色：湿为浊黄棕 10YR5/3。润，疏松，多量根，粒状结构，有碳酸盐反应，砂质。

中层，30~60 cm，颜色：湿为黄棕 10YR5/6。潮，适中，中量根，粒状结构，有碳酸盐反应，砂质。

下层，60~100 cm，颜色：湿为黄棕 10YR5/8。潮，适中，少量根，粒状结构，有碳酸盐反应，砂质。

剖面综合特征：黄泛淤积物上发育而成的二合土(以砂粒和黏粒为主的土壤)，土层深厚，砂质、疏松。

两合土剖面

第五章　华南地区

第一节　区域介绍

华南地区一般包括广东省、广西壮族自治区、海南省及香港、澳门特别行政区。由于特区实行“一国两制”，本专题报告中简称的“华南”涉及范围仅局限于广东、海南和广西。

华南地区地处中国最南方，北与江西、湖南、贵州三省相连，东北接福建省，西接云南省；东南邻菲律宾，西南邻越南，南邻马来西亚、文莱、印度尼西亚等国。地跨热带和亚热带，北回归线横贯本区中部，热带和南亚热带占陆地面积大部分。

在复杂的气候、地形、土壤和人为活动因素综合作用下，华南的森林群落和植物种类格外丰富。据第九次全国森林资源连续清查数据（2014~2018）和收集资料，华南三省（自治区）森林面积约 2436.6 万 hm^2，各省森林面积（及覆盖率）为：广东 945.98 万 hm^2（53.52%）、广西 1429.65 万 hm^2（60.17%）；海南 194.49 万 hm^2（57.36%）。其中山地森林占绝大部分。

华南区域森林类型按纬度呈带状分布，主要地带性森林包括：中亚热带典型常绿阔叶林、南亚热带季风常绿阔叶林、热带季雨林和热带雨林。在丘陵次生森林植被中，亚热带地区以针叶稀树灌木草坡占优势，热带地区以稀树灌木草原占优势。在山地有山地雨林、山地常绿阔叶林、山地常绿和落叶阔叶混交林，或针阔叶混交林、针叶混交林、山顶常绿阔叶矮林等。此外，华南速生人工林在我国是种植面积较大、经济效益最佳的，到 2018 年共有人工林 1489.44 万 hm^2。

华南地区的气候、地形、成土母质、植被等自然条件复杂，对土壤的分布规律、发育过程和特性有较大影响。在《全国土壤分类系统（1984 年讨论稿）》的 11 个土纲 43 个土类中，广东和海南就占 6 个土纲、15 个土类，而且地带性、非地带性及垂直分布相互交错。土壤随纬度由南而北呈有规律的地带性变化、星带状分布。大致可划分为中热带砖红壤地带、北热带砖红壤区、南亚热带赤红壤区、中亚热带红壤区、南亚热带石灰土区。砖红壤地带（包括部分燥红土）分布在 N 22°以南及海南岛，赤红壤地带分布在 N 22°~24°，红壤地带分布在 N 24°~26°。

在不同土壤地带内，由于生物和气候条件随海拔增加的改变，构成了不同的土壤垂直带。如砖红壤地带内的重直结构，海拔 200 m 以下为砖红壤，200~500 m 为山地砖红壤，500~900 m 为山地赤红壤，900~1400 m 为山地黄壤，1400 m 以上为山地草甸土。主要的土壤类型有：①赤红壤，为南亚热带的典型土壤类型，也是广东、海南的主要土壤类型，占土地面积的 39%，相应的森林类型是热带季雨林和南亚热带季风常绿阔叶林，在海南岛多为热带雨林或热带山地雨林。②砖红壤，为热带地带性土壤，占广东、海南两省土地面积 15%。分布于海南岛东北部、北部和广东雷州半岛、茂名市电白区以西一带丘陵台地。相应的森林类型是热带季雨林和热带雨林。③红壤，为中亚热带地区典型土壤，分布于广东北部和广西东北部和西北部的海拔 700 m 以下的低山、丘陵，其中占广东和海南省土地总面积 15%。这类土壤的地带性森林类型是中亚热带典型常绿阔叶林。④黄壤，主要分布于广西北部地区和广东、海南省的海拔 700 m 以上的山地，其中海南、广东这类土壤占其土地面积的 6%，相应的植被类型为各种常绿森林。⑤燥红土，在华南地区的面积不大，主要分布在海南岛西部沿海台地，仅占广东和海南两省土地总面积 0.43%，主要植被是热带稀树草原或稀树灌丛地。⑥山地草甸土，主要分布在粤东粤西海拔 1000 m 以上、粤北海拔 1300 m 以上和海南岛海拔 1400 m 以上的山地，是中山上部的山地土壤类型，植被为山顶常绿阔叶矮林、竹林或亚热带草坡等。⑦石灰土，是广西和广东的主要隐域土之一，面积超过 67 万 hm^2。主要分布在广西中部和西南部以及广东的连南、连县、阳山、英德、乳源、乐昌、清远、云浮、阳春、罗定等县的石灰岩地区，植被较差。

第二节　砖红壤

砖红壤土剖面 1

剖面 1

海南儋州市林场后苗圃围墙外 DZ-P08 样地，海拔高度 40 m，平地，桉树纯林，林下植被有坡柳、海金沙等，土壤为砖红壤。

土壤剖面描述：

O 层，+2~0 cm，暗灰色，干，无新生体，无侵入体。

A 层，0~20 cm，红黄色，干，平整过渡，块状结构，紧实，根量少，壤黏土，无新生体，无侵入体。

B 层，20~100 cm，红黄色，干，平整过渡，块状结构，极紧实，根量无，黏土，无新生体，无侵入体。

砖红壤土剖面 2

剖面 2

海南儋州市两院三队实验林 DZ-P01 样地，海拔 170 m，坡向南，橡胶纯林，林下主要植被有勒党、鬼灯笼、蟛蜞菊、铁线草等。土壤为砖红壤。

土壤剖面描述：

O 层，+3~0 cm，灰色，潮，根系少，无新生体，无侵入体。

A 层，0~20 cm，红棕色，潮，平整过渡，团粒状结构，疏松，根量少，粉砂壤土，无新生体，无侵入体。

B 层，20~100 cm，红棕色，潮，平整过渡，粒状结构，紧实，根量无，壤黏土，无新生体，无侵入体。

第三节 红 壤

红壤剖面 1

剖面 1

广西大瑶山保护区河口保护站，海拔高度 598 m，坡向西北，坡底。天然针阔混交林，主要植被有秋枫、荷木、鸭脚木、八角、金毛狗、蕨等。土壤为红壤。

土壤剖面描述：

A 层，0~31 cm，棕色，潮，波状过渡，团粒状结构，疏松，根量多，壤土，无新生体，无侵入体。

B_1 层，31~53 cm，棕色，潮，舌状过渡，团粒状结构，疏松，根量中等，壤土，无新生体，无侵入体。

B_2 层，53~79 cm，棕色，潮，平整过渡，粒状结构，适中，根量少，砂壤土，无新生体，无侵入体。

C 层，79 cm 以下，红棕色，潮，平整过渡，粒状结构，适中，根量少，砂壤土，无新生体，无侵入体。

红壤剖面 2

剖面 2

广西姑婆山，海拔 523 m，山顶，坡向东。天然针阔叶混交林，主要植被有木荷、马尾松、海桐、藜竹、淡竹叶、金毛狗等。土壤类型为红壤。

土壤剖面描述：

A 层，0~12 cm，暗红色，湿，波状过渡，团粒状结构，疏松，根量中量，壤土，无新生体，无侵入体。

B_1 层，12~46 cm，棕色，湿，波状过渡，粒状结构，松散，根量少，砂土，无新生体，无侵入体。

B_2 层，46~95 cm，黄棕色，湿，波状过渡，粒状结构，松散，根量少，砂土，无新生体，无侵入体。

C 层，95 cm 以下，黄褐色，湿，波状过渡，粒状结构，松散，根量无，砂土，无新生体，无侵入体。

第四节 红黄壤

红黄壤剖面 1

剖面 1

广西大瑶山保护区河口保护站，海拔 740 m，坡向西北，坡位为中坡。天然针阔叶混交林，主要植被有马尾松、杜英、荷木、八角、芒萁、金毛狗等。土壤为山地红黄壤。

土壤剖面描述：

A 层，0~10 cm，暗棕色，湿，平整过渡，团粒状结构，松散，根量多，砂壤土，无新生体，无侵入体。

B_1 层，10~20 cm，棕色，湿，波状过渡，团粒状结构，疏松，根量多，砂壤土，无新生体，无侵入体。

B_2 层，20~40 cm，棕色，湿，平整过渡，粒状结构，适中，根量少，壤土，无新生体，无侵入体。

C 层，40~60 cm，棕色，湿，平整过渡，粒状结构，适中，根量少，壤土，无新生体，无侵入体。

红黄壤剖面 2

剖面 2

广西姑婆山，海拔 632 m，坡向西，下坡位。主要植被有柃木、阿丁枫、海桐、藜竹、乌毛蕨、淡竹叶等。土壤为红黄壤。

土壤剖面描述：

A 层，0~10 cm，暗灰棕色，潮，波状过渡，团粒状结构，疏松，根量多，壤土，无新生体，无侵入体。

B_1 层，10~20 cm，棕色，潮，波状过渡，团粒状结构，疏松，根量多，壤土，无新生体，无侵入体。

B_2 层，20~40 cm，棕黄色，潮，波状过渡，团粒状结构，疏松，根量少，砂壤土，无新生体，无侵入体。

C 层，40~60 cm，棕黄色，潮，波状过渡，粒状结构，疏松，根量少，砂壤土，无新生体，无侵入体。

第五节　黄　壤

黄壤剖面 1

剖面 1

广西临桂南边山乡新路村，海拔 812 m，坡向南。杉木人工林，林下主要植被有杜茎山、檵木、蜈蚣蕨、腹水草、茅草。土壤为黄壤。

土壤剖面描述：

A 层，0~20 cm，黄棕色，潮，平整过渡，团粒状结构，松散，根量中量，壤土，无新生体，无侵入体。

B_1 层，20~40 cm，红棕色，潮，舌状过渡，团粒状结构，松散，根量中量，壤土，无新生体，无侵入体。

B_2 层，40~60 cm，红棕色，潮，舌状过渡，团粒状结构，松散，根量中量，壤土，无新生体，无侵入体。

C 层，60~90 cm，红棕色，潮，舌状过渡，团粒状结构，松散，根量少，壤土，无新生体，无侵入体。

黄壤剖面 2

剖面 2

海南乐东尖峰岭五分区，海拔 832 m，坡向西北，热带山地雨林，主要植被有盘壳栎、灯架、燕尾葵、粗毛野桐、三脉马钱、菝葜等。土壤为黄壤。

土壤剖面描述：

O 层，+2~0 cm，灰褐色，湿，团粒状结构，壤土，根量少。

A 层，0~18 cm，黄色，湿，倾斜过渡，团粒状结构，适中，根量少，黏壤土，无新生体，无侵入体。

B 层，18~122 cm，黄色，湿，波状过渡，粒状结构，疏松，根量无，黏壤土，无新生体，无侵入体。

C 层，122~132 cm 以上，棕黄色，湿，倾斜过渡，粒状结构，适中，根量无，无新生体，无侵入体。

黄壤剖面 3

剖面 3

广东省从化市陈禾洞保护区，海拔 823 m，坡向东北。天然阔叶混交林，主要植被有粗脉桂、罗浮锥、鳖蒴锥、乌毛蕨等。土壤为黄壤。

土壤剖面描述：

O 层，+3~0 cm，浅灰色，潮，根量多。

A 层，0~19 cm，暗棕色，潮，平整过渡，团粒状结构，疏松，根量少，粉砂壤土，无新生体，无侵入体。

B 层，19~105 cm，浅褐色，湿，平整过渡，团粒状结构，适中，根量少，砂黏土，无新生体，无侵入体。

C 层，>105 cm，褐色，湿，平整过渡，团粒状结构，紧实，根量少，粉砂壤土，无新生体，无侵入体。

黄壤剖面 4

剖面 4

广东南岭树木园，海拔 502 m，坡向南。天然针阔叶混交林，主要植被有马尾松、含笑、鸭公树、牛耳枫、乌毛蕨、淡竹叶等。土壤类型为黄壤。

土壤剖面描述：

O 层，+4~0 cm，浅灰色，湿。

A 层，0~20 cm，棕色，湿，平整过渡，粒状结构，适中，根量少，壤土，无新生体，无侵入体。

B 层，20~100 cm，棕色，湿，平整过渡，粒状结构，适中，根量少，壤土，无新生体，无侵入体。

第六节　紫色土

剖　面

广东韶关市乳源林业局五里亭，海拔 820 m，坡向西。天然落叶阔叶林，主要植被有枫香、田锥、广东大青，山茶，冬青、竹子等。土壤类型为石灰性紫色土。

土壤剖面描述：

紫色土剖面

O 层，+3~0 cm，灰色，湿，根量少。

A 层，0~5 cm，棕色，湿，平整过渡，块状结构，适中，根量少，壤土，无新生体，无侵入体。

B 层，5~100 cm，紫棕色，湿，平整过渡，块状结构，适中，根量少，壤土，无新生体，无侵入体。

第七节　石灰(岩)土

剖　面

广西弄岗自然保护区弄岗保护站陇江管护点，海拔 214 m，坡向东北。天然常绿阔叶林，主要植被有东京桐、假苹婆、南方紫金牛、广西澄广花等。土壤类型为石灰土。

土壤剖面描述：

A 层，0~10 cm，棕色，湿，团粒状结构，疏松，根量中量，粉砂壤土，无新生体和侵入体。

B_1 层，10~20 cm，棕色，湿，平整过渡，团粒状结构，疏松，根量中量，粉砂壤土，无新生体，无侵入体。

B_2 层，20~40 cm，棕色，湿，平整过渡，核状结构，适中，根量少，壤土，无新生

石灰(岩)土剖面

体，无侵入体。

C层，40~62 cm，棕色，湿，平整过渡，核状状结构，适中，根量少，壤土，无新生体，无侵入体。

第六章　西南地区

第一节　区域介绍

西南地区指位于我国西南部的云南、贵州、四川、西藏、重庆等地，受新构造运动大面积上升的影响，地势起伏较大，跨全国地势的第一、第二阶梯。复杂的地质过程使西南区具有独特的地貌特征，西南高东北底，地势起伏大，最高的贡嘎山海拔7556 m，最低的云南河口海拔不到100 m，高差近于7500 m。主要地貌单元有：岷山山地与诺尔盖高原，平均海拔3500 m以上；横断山地，为我国最大的南北向山地，山脉平均海拔4000 m以上，有冰川发育；四川盆地，海拔300~700 m，地势西北高东南低，盆地内广泛分布有中生代紫色砂页岩；云贵高原，我国四大高原之一，高原面较完整；滇东、贵州是岩溶地貌及集中分布区。西南地区处于低纬度亚热带和热带的边缘，但因地处高原，地貌复杂，同时受西南季风的影响，造成了多变的气候类型。山高谷深，山体对气候的分异作用强烈。位于本区西部的最高山贡嘎山海拔7556 m，与临近大渡河江面高差达6500 m以上；东部四川盆地的峨眉山海拔3099 m，与临近坝区高差2600 m；贵州东北的焚净山海拔2571 m，与山麓高差2000 m等。山脉走向对气候有重大影响，东部区偏东西走向的山脉阻碍了北方冷空气南下，使西南地区冬季偏暖；西部区横断山脉呈南北走向，成为南方暖湿气流北上的屏障，迎风坡多雨，背风坡少雨，局部区域则有较强的焚风效应。加之区内多种次级地貌类型的组合镶嵌，也形成了千差万别的局部气候。复杂多样的地貌与气候条件，使区内植被发育的生境多样化，植物种类丰富，植被类型交错分布。全区植被类型有热带雨林、亚热带常绿阔叶林，垂直带上的亚高山针叶林、高山灌丛草甸，以及干热河谷植被等。也相应形成了西南地区种类繁多、特有的土壤类型及其分布。

第二节　砖红壤

西南地区砖红壤，在中国土壤系统分类中相当于的简育湿润铁铝土、富铝湿润富铁土。主要分布于云南南部，南自西双版纳勐腊尚勇(北纬21°09′)，北至盈江羯羊河(北纬24°50′)；最低处海拔85 m(河口)，最高至西双版纳、临沧海拔800 m左右。沿滇南“扫帚构造”的构造线和各大河河谷呈东南、西南向“帚形”“掌指形”非连续向北楔入镶嵌分布。

剖面1

类型：砖红壤(中国土壤发生分类，1987)

暗红湿润铁铝土(中国土壤系统分类，1995)

采集地点：云南西双版纳热带植物园，海拔 623 m，经纬度 N 21.91989°、E 101.27450°，地面侵蚀无，北热带季雨林，层间植物多，乔木为白背桐、狭叶红光树、见血封喉等，灌木为玉叶金花、君迁子、米团花、火麻树、光叶菝葜等，草本为凤尾蕨、叉蕨、海芋、瓦韦等，郁闭度 0.85，母岩为紫色砂岩，母质为残积物。

土壤剖面描述：

O 层，0.5~0 cm。枯落物层，无新生体，无侵入体。

A 层，0~14.5 cm，颜色：10YR5/4。潮，层次过渡不明显，核状结构，疏松，中量根，中壤。无石砾，无新生体，无侵入体。

B 层，14.5~37.5 cm，颜色：7.5YR5/3。润，层次过渡不明显，疏松，粒状、核状结构，适中，少根系，石砾含量 10%，重壤，炭粒侵入体。

BC 层，37.5~79.5 cm，稍润，层次过渡明显，松散，粒状结构，少根系，石砾含量 50%，重壤，新生体为 Fe/Mn 胶膜。

C 层，79.5 cm 以下，稍润，层次过渡明显，松散，柱状、粒状结构，石砾含量 95%。砂壤土，无新生体，无侵入体。

砖红壤剖面 1

剖面 2

类型：砖红壤(中国土壤发生分类，1987)

暗红湿润铁铝土(中国土壤系统分类，1995)

采集地点：西双版纳热带植物园，海拔 610 m，经纬度 N 21.91947°、E 101.27483°，地面侵蚀无，次生林，植被类型为北热带季雨林，层间植物多，乔木为狭叶红光树、西南猪尾木、红椿、见血封喉、油榄仁等，郁闭度 0.85，母岩为紫色砂岩，母质为残积物。

A 层，0~13 cm，颜色：10YR5/4。潮，层次过渡明显，粒状结构，疏松，中量根，中壤。无新生体，无侵入体。

B_1 层，13~56 cm，颜色：7.5YR5/3。湿，层次过渡明显，疏松，粒状结构，少根系，石砾含量 10%，黏壤土，炭粒侵入体。

B_2 层，56~105 cm，潮，层次过渡明显，紧实，粒状结构，少根系，石砾含量 50%，重壤，新生体为 Fe/Mn 胶膜。

BC 层，105 cm 以下，潮，层次过渡明显，紧实，粒状结构，根量多，石砾含量 95%。砂壤土，无新生体，无侵入体。

砖红壤剖面 2

第三节　赤红壤

西南地区赤红壤，又称砖红壤性红壤，属于红壤与砖红壤之间的过渡类型，在中国土壤系统分类中相当于的富铝湿润富铁土、简育湿润铁铝土。主要分布于云南南部低纬度高原山地，以红河（元江）为界，东部海拔 1200 m 以下局部中低山河谷，西部帚状山地 1500 m 以下，呈北窄南宽扇形分布。

剖面 1

类型：赤红壤（中国土壤发生分类，1987）

简育湿润铁铝土（中国土壤系统分类，1995）

采集地点：云南普洱思茅区万掌山林场，海拔 1288 m，经纬度 N 22.84189°、E 100.94789°，无侵蚀，次生林，北热带季雨林植被类型，乔木两层，层间植物多见鹿茸蕨，乔木为酸台树、山杜樱、山李子、润楠、八角树等，灌木为冬叶、砂仁、树豆果、野荔枝等，草本为铁线蕨、芭蕉、灯笼草、奶浆藤、何首乌、山青藤、紫金牛等，郁闭度 0.9，母岩为板岩，母质为残积物。

土壤剖面描述：

赤红壤剖面 1

A 层，0~20 cm，颜色：10YR6/4。干，层次过渡明显，核状结构，疏松，根系多，黏壤土，炭粒侵入体。

B_1 层，20~110 cm，颜色：10YR7/3。干，层次过渡明显，适中，块状、核状结构，少根系，石砾含量 30%，黏土，新生体为 Fe/Mn 胶膜。

B_2 层，110~540 cm 以下，干，层次过渡明显，极紧实，柱状、块状、粒状结构，少根系，石砾含量 30%，黏土。

剖面 2

类型：黄色赤红壤（中国土壤发生分类，1987）

黄色-黏化富铝湿润富铁土（中国土壤系统分类，1995）

采集地点：云南普洱市思茅区太阳河保护区，海拔 690 m，经纬度 N 22.84197°、E 100.95117°，轻度细沟蚀，人工橡胶林地。局部出露大岩块，土体内有碎岩，乔木为橡胶以及少量芒果、菠萝蜜等，灌木为臭牡丹、荨麻、野火桐等，草本为皱叶狗尾草、鳞毛蕨、毛叶荩草等，郁闭度 0.8~0.9，母岩为辉长岩，母质为坡残积。

A 层，0~25 cm，颜色：7.5YR5/4。润，层次过渡明显，粒状、核状结构，适中，少根系，轻壤。无石砾，无新生体，无侵入体。

B 层，25~66 cm，颜色：10YR7/4。润，层次过渡明显，块状、粒状结构，紧实，少

黄色赤红壤剖面 2

根系，无碳酸盐反应，石砾含量 10%，中壤，新生体为 Fe/Mn 胶膜。

C 层，66~100 cm，润，层次过渡明显，紧实，柱状、块状结构，少根系，无碳酸盐反应，石砾含量 60%~70%，轻壤，新生体为 Fe/Mn 胶膜。

剖面综合特征：C 层石砾含量多，岩石风化度高，局部出现石英颗粒，大小不等。

剖面 3

类型：赤红壤(中国土壤发生分类，1987)

简育湿润铁铝土(中国土壤系统分类，1995)

采集地点：云南普洱思茅区万掌山林场，海拔 1330 m，经纬度 N 22.84197°、E 100.95117°，无地面侵蚀，植被类型为北热带季雨林，乔木两层，层间植物多见鹿茸蕨，乔木为大叶榕、浆果楝、栎、栲、苦槠等，灌木为钩藤、托叶菝葜、羊蹄甲等，草本为凤尾蕨、闭鞘姜、鱼尾葵等，郁闭度 0.7，母岩为紫色泥岩，母质为坡残积。

O 层，6~0 cm。

A 层，0~12 cm，颜色：10YR6/4。潮，层次过渡不明显，核状结构，疏松，少根系，中壤，炭粒侵入体。

B 层，12~107 cm，颜色：10YR7/3。潮，层次过渡不明显，紧实，粒状、核状结构，适中，少根系，石砾含量 30%，重壤，新生体为 Fe/Mn 胶膜。

赤红壤剖面 3

C 层，107 cm 以下，潮，层次过渡明显，极紧实，柱状、块状、粒状结构，少根系，石砾含量80%，黏壤，无新生体，无侵入体。

第四节　红　壤

西南地区红壤，在中国土壤系统分类中相当于的富铝湿润富铁土、铝质湿润淋溶土。主要分布于云南高原中部地区，海拔1500~2500 m的残存高原面上，是云南高原中部地区的基带土壤，贵州高原主要分布于海拔1000 m以下局部地区，四川西南河谷与盆西南山地有少量分布。

剖面1

类型：红壤(中国土壤发生分类，1987)

黏化湿润富铁土(中国土壤系统分类，1995)

采集地点：云南普洱市思茅区太阳河保护区，海拔1435 m，经纬度N 22.84197°、E 100.95117°，无地面侵蚀，人工林地，阳坡分布少量栎类、滇青冈、杨树等，乔木为华山松林、混少量云南松、旱冬瓜等，灌木为火棘、棠梨、小铁仔等，草本为蕨、香薷、苦乔等，郁闭度0.8，母岩为泥岩砂岩，母质为坡积物。

O层，4~0 cm。枯落物层，湿，无新生体，无侵入体。

红壤剖面1

A 层，0~15 cm，颜色：湿为棕，7.5YR6/3。潮，层次过渡不明显，粒状、核状结构，适中，中量根，轻壤，炭屑侵入体。无新生体。

B_1 层，15~58 cm，颜色：湿为红棕，7.5YR7/3。稍润，层次过渡不明显，紧实，柱状、块状结构，中量根，石砾含量3%，中壤，新生体为 Fe/Mn 胶膜。

B_2 层，58~111 cm，颜色：湿为棕红，7.5YR7/3。稍润，层次过渡不明显，紧实，块状、柱状结构，少根系，石砾含量10%，中壤，新生体为 Fe/Mn 胶膜，炭屑侵入体。

BC 层，111 cm 以下，颜色：湿为红棕，7.5YR7/2。稍润，层次过渡不明显，块状、粒状结构，适中，少根系，石砾含量30%，轻壤，新生体为 Fe/Mn 胶膜。无侵入体。

剖面 2

类型：山红壤(原中国土壤发生分类，1987)

黏化-暗红富铝湿润富铁土(中国土壤系统分类，1995)

采集地点：云南省泸水市六库镇平安寨，海拔 1234 m，经纬度 N 25.83314°、E 98.84275°，无地面侵蚀，天然林，优势乔木树种为云南松和山玉兰，灌木主要为余甘子等，草本为紫茎泽兰、香薷、蕨、白茅等，郁闭度 0.5，盖度 80%，母岩花岗岩、片麻岩，母质为残积物。

红壤剖面 2

A 层，0~12 cm，颜色：湿为棕，7.5YR6/3。干，层次过渡不明显，粒状、核状结构，紧实，少量根，中壤，无新生体。炭屑侵入体。

B层，12~50 cm，颜色：湿为红棕，7.5YR7/3。干，层次过渡不明显，紧实，柱状、块状结构，中量根，石砾含量3%，轻壤，新生体为Fe/Mn胶膜。

C层，50~170 cm，颜色：湿为棕红，7.5YR7/3。干，层次过渡不明显，极紧实，块状、柱状结构，少根系，石砾含量30%，粉砂壤土，新生体为Fe/Mn胶膜，炭屑侵入体。

第五节　黄　壤

西南地区黄壤，在中国土壤系统分类中的铝质常湿淋溶土、富铝常湿富铁土。主要分布于贵州大部分区域，其次为四川盆边低山河谷地带，海拔500~1500 m范围内，在云南基本上属于山地垂直带土壤并位于红壤之上。

剖面1

类型：黄壤（中国土壤发生分类，1987）

铝质常湿淋溶土（中国土壤系统分类，1995）

采集地点：云南省无量山新桥河，海拔1921 m，经纬度N 24.25628°、E 100.75042°，无地面侵蚀，次生林，原生林砍伐后种植马尾松，再经间伐。现林地间种经济林（樱桃），乔木为马尾松，灌木为槲栎、青冈等，草本为蕨等，郁闭度0.9，母岩为泥页岩，石灰岩

黄壤剖面1

泥岩互层，母质为坡残积。

O 层，5~0 cm。枯落物层，湿，无新生体，无侵入体。

A 层，0~11 cm，颜色：10YR7/1。潮，层次过渡不明显，粒状、核状结构，松散，少根系，石砾含量 5%，轻壤。无新生体，无侵入体。

B_1 层，11~45 cm，颜色：7.5YR6/2。潮，层次过渡不明显，适中，柱状、核状、块状结构，少根系，石砾含量 5%，中壤，新生体为 Fe/Mn 胶膜。

B_2 层，45~71 cm，颜色：7.5YR6/1。潮，层次过渡不明显，紧实，块状、核状结构，少根系，石砾含量 20%，黏壤，新生体为 Fe/Mn 胶膜。

C 层，71 cm 以下，潮，层次过渡明显，紧实，少根系，石砾含量 80%，黏壤，新生体为 Fe/Mn 胶膜。

剖面 2

类型：黄壤(中国土壤发生分类，1987)

铝质常湿淋溶土(中国土壤系统分类，1995)

采集地点：西藏自治区林芝市墨脱县背崩乡，海拔 900 m，经纬度 N 29.30614°、E 95.29217°，天然常绿阔叶林，乔木树种主要为樟科与壳斗科常绿树种，灌木草本主要为竹和芭蕉。郁闭度 1.0，母质为花岗岩坡积物。

黄壤剖面 2

A 层，0~13 cm，颜色：10YR7/1。潮，层次过渡明显，粒状结构，松散，中等根系，石砾含量 5%，轻壤。有炭渣。

B 层，13~45 cm，颜色：7.5YR6/2。潮，层次过渡不明显，疏松，粒状结构，根系盘结，石砾含量 5%，中壤，新生体为 Fe/Mn 胶膜。无侵入体。

C 层，>45 cm，潮，层次过渡明显，紧实，少根系，石砾含量 60%，粉砂壤，新生体为 Fe/Mn 胶膜。无侵入体。

剖面 3

类型：黄壤(中国土壤发生分类，1987)

铝质常湿淋溶土(中国土壤系统分类，1995)

采集地点：贵州省黔东南州雷山县雷公山自然保护区，海拔 792 m，经纬度 N 26.34289°、E 108.28967°，地面侵蚀情况为无，天然林，乔木主要为光皮树、木莲、琼楠、乐昌含笑，灌木为川滇白蜡、柃木、溪畔杜鹃、琼楠、乐昌含笑等，草本为狗脊蕨、水龙骨等，郁闭度 0.8，母岩为泥岩，母质为残积物。

O 层，5~0 cm。枯落物层，湿，无新生体，无侵入体。

A 层，0~12 cm，颜色：10YR7/1。潮，层次过渡明显，粒状、团粒结构，松散，少根系，无碳酸盐反应，石砾含量 5%，轻壤。无新生体，无侵入体。

黄壤剖面 3

AB 层，12～38 cm，颜色：7.5YR6/2。潮，层次过渡不明显，疏松，粒状、团粒结构，少根系，无碳酸盐反应，石砾含量 5%，中壤，新生体为 Fe/Mn 胶膜。

B 层，38～80 cm，颜色：7.5YR6/1。潮，层次过渡不明显，适中，粒状、团粒结构，少根系，无碳酸盐反应，石砾含量 20%，黏壤，新生体为 Fe/Mn 胶膜。

BC 层，80 cm 以下，潮，层次过渡明显，适中，粒状、团粒结构，少根系，无碳酸盐反应，石砾含量 80%，黏壤，新生体为 Fe/Mn 胶膜。

第六节　棕　壤

剖面 1

类型：棕壤(中国土壤发生分类，1987)

简育湿润淋溶土(中国土壤系统分类，1995)

采集地点：西藏自治区林芝市米林县色季拉山，海拔 3733 m，经纬度 N 29.55908°、E 94.55842°，原始天然林，剖面所在林分为西藏东南部森林主要类型灌丛-藓类-冷杉林，主要植物：乔木为急尖长苞冷杉、花楸，灌木忍冬、蔷薇、狗娃花、杜鹃，草本为蟹甲草、兔儿风、草莓、禾草，母岩为花岗岩，母质为坡、残积物，轻度沟蚀。

棕壤剖面 1

A 层，0~6 cm，颜色暗棕，润，适中，块状结构，中壤，根系多量，无新生体、侵入体，石砾含量 5%，无碳酸盐反应。

B 层，6~20 cm，颜色浅灰，润，疏松，粒状结构，轻壤，根系中量，新生体铁锈，石砾含量 10%，无碳酸盐反应。

C 层，20~60 cm，颜色黄棕，润，紧实，块状结构，重壤，根系少量，无新生体、侵入体，石砾含量少量，无碳酸盐反应。

剖面综合特征：土层厚，有明显淋溶层。

剖面 2

类型：棕壤(中国土壤发生分类，1987)

简育湿润淋溶土(中国土壤系统分类，1995)

采集地点：西藏林芝市鲁朗兵站附近，海拔 3132 m，经纬度 N 29.81333°、E 94.74156，原始天然林，主要植物：乔木为林芝云杉、川滇高山栎、西藏落叶松、山定子、花楸等，灌木为杜鹃、忍冬、黄花木、小檗、蔷薇等，草本为蕨、禾草、花锚草、菝葜等，郁闭度 0.5，母质为花岗岩坡积物。

A 层，0~7 cm，颜色黄棕，潮，层次过渡不明显，适中，粒状结构，中壤，根系多量，无新生体，无侵入体，石砾含量 5%，无碳酸盐反应。

B 层，7~60 cm，颜色黄褐，潮，层次过渡明显，紧实，粒状结构，中壤，根系中量，

棕壤剖面 2

无新生体，无侵入体，无碳酸盐反应。

C 层，60~100 cm，颜色黄棕，潮，层次过渡明显，适中，粒状结构，轻壤，根系少量，无新生体，无侵入体，石砾含量 10%，无碳酸盐反应。

第七节　草毡土(高山草甸土)

高山草甸土，发育于森林郁闭线以上草甸植被下的土壤。在中国曾称草毡土。其主要特征是：地表因常有冻裂和土滑作用而呈层状或小丘状；表层由草根交织成软韧的草皮层。

剖　面

类型：高山草甸土(中国土壤发生分类，1987)

暗沃寒冻雏形土(中国土壤系统分类，1995)

采集地点：西藏林芝市米林县色季拉山口附近，海拔 4543 m，经纬度 N 29.61778°、E 94.64342°，高山草甸主要植被：灌木为杜鹃、金露梅，草本为紫菀、龙胆、禾草、萎陵菜、马先蒿等，郁闭度 1.0。轻度沟蚀，母质为花岗岩坡、残积物。

A 层，0~17 cm，颜色黄棕，稍润，适中，粒状结构，轻壤，根系较多，无新生体，

高山草甸土剖面

无侵入体，石砾含量少量，无碳酸盐反应。

B 层，17~54 cm，颜色黄棕，稍润，适中，碎块状结构，轻壤，根系少量，无新生体，无侵入体，石砾含量少量，无碳酸盐反应。

C 层，54~100 cm，颜色黄棕，稍润，适中，块状结构，砂壤，极少量根系，无新生体，无侵入体，石砾含量 5%，无碳酸盐反应。

剖面综合特征：土层较厚，土壤黄棕色，轻壤。

第八节　山地草甸土

剖　面

类型：山地灌丛草甸土(中国土壤发生分类，1987)

有机滞水常湿雏形土(中国土壤系统分类，1995)

采集地点：云南省丽江老君山，海拔 3533 m，经纬度 N 26.65031°、E 99.77533°，原始山地矮林，主要灌木为高山杜鹃，草本为龙胆和薹草，盖度 90%，无侵蚀，正长岩残积母质。

A 层，0~20 cm，颜色棕褐色，潮，疏松，粒状团粒结构，轻壤，层次过渡明显，根

山地灌丛草甸土剖面

系盘结，无新生体、侵入体，无碳酸盐反应。

B 层，20~45 cm，颜色灰棕，潮，适中，粒状结构，中壤，层次过渡明显，根系中量，无新生体、侵入体，无碳酸盐反应。

BC 层，45~65 cm，颜色棕黄，潮，适中，粒状结构，粉砂壤土，层次过渡明显，根系少量，无新生体、侵入体，无碳酸盐反应。

第九节　寒漠土(高山漠土)

高山漠土分布于青藏高原的西北部，并延伸至昆仑山脉和帕米尔高原，海拔高度范围在 4200~5200 m 间。高山漠土带的地形，主要是高原面和高原上的低山。成土母质主要是各种岩石风化的残积物和坡积物，也有一些冰砾物。

剖面 1

类型：寒漠土(中国土壤发生分类，1987)

简育寒冻雏形土(中国土壤系统分类，1995)

采集地点：云南省迪庆藏族自治州德钦县白马雪山丫口，海拔 4 489 m，经纬度 N 28. 3795°、E 99. 02181°，植被类型主要为原始天然草本，主要为：雪莲、马先蒿、绿绒

寒漠土剖面 1

蒿、独叶草等，盖度50%，母岩为板岩和正长岩，母质为残积、坡积物，轻度沟蚀。

A层，0~18 cm，颜色棕黄，潮，适中，粒状结构，石砾含量30%，中壤，根量少，无新生体，无侵入体。碳酸盐反应剧烈。

B层，17~46 cm，颜色深棕，潮，松散，粒状、核状结构，石砾含量40%，轻壤，根量中等，无新生体，无侵入体。碳酸盐反应剧烈。

C层，46~130 cm，颜色深棕，潮，松散，粒状、核状结构，石砾含量20%，轻壤，根量少，无新生体，无侵入体。碳酸盐反应剧烈。

剖面2

类型：寒漠土(中国土壤发生分类，1987)

钙积寒冻雏形土(中国土壤系统分类，1995)

采集地点：西藏自治区昌都市左贡东达山，海拔5020 m，经纬度N 29.71731°、E 97.48961°，除了点地梅基本无植被。成土母质为岩石风化的坡积物和冲积物。

B层，0~15 cm，颜色棕黄，干，疏松，粒状结构，石砾含量10%，砂壤，根量少，点状或菌丝状碳酸钙淀积物，无侵入体。碳酸盐反应剧烈。

C层，15~30 cm，颜色黄棕，干，松散，块状结构，石砾含量30%，砂土，无根系，无新生体，无侵入体。碳酸盐反应剧烈。

B层，30~40 cm，颜色棕黄，干，疏松，粒状结构，石砾含量10%，砂壤，无根系，点状或菌丝状碳酸钙淀积物，无侵入体。

寒漠土剖面2

C 层，40~55 cm，颜色黄棕，干，松散，块状结构，石砾含量 30%，砂土，无根系，无新生体，无侵入体。

B 层，55~70 cm，颜色棕黄，干，疏松，粒状结构，石砾含量 10%，砂壤，无根系，点状或菌丝状碳酸钙淀积物，无侵入体。

C 层，70~80 cm，颜色黄棕，干，松散，块状结构，石砾含量 30%，砂土，无根系，无新生体，无侵入体。

剖面综合特征：由于母质为坡积物，加之冰蚀作用，土壤剖面形成了多层 B+C 结构。大部分地段均为较大石砾，只有部分地段能进行剖面调查、采集样本，该剖面无腐殖层，剖面土壤颜色为棕黄色，为砂壤。B 层具点状或菌丝状碳酸钙淀积物，通体碳酸盐反应剧烈。

第十节　石灰(岩)土

石灰岩土是石灰岩经溶蚀风化发育形成的初育土。包括中国系统分类中的钙质湿润富铁土、钙质湿润淋溶土、黑色岩性均腐土。主要见于贵州、云南东部以及四川盆边周边的局部区域，石灰岩岩溶作用强烈地带，由于岩石裸露，土壤连续成片性差，有“地无三尺平”的形象表述。

石灰岩土的典型剖面构型为：A-BC-R 或 A-AB-BC-R，水土流失严重的地方 A 层常缺失，土体构型为 AB-BC-R。

表土层：构型中的 A/AB 层，棕色或黄棕色腐殖质层，受西南地区高温多雨的气候影响，以及堆积地形的不同，本层土壤颜色变化在棕黑-红棕-黄棕之间。由于植被覆盖差异也很大，除保留有原生常绿阔叶林的黑色石灰岩土区表土层保留完整并呈黑色外，其余地方的石灰岩土表土层均有不同程度的水土流失现象，因而表土厚薄也有一定波动，水土流失严重区表土层土壤色淡而变薄或缺失。质地重壤-轻黏，粒状、核状结构，多根。

心土层：构型中的 BC 层，具有淀积层向母质层过渡的特征，受气候影响，在植被覆盖较大的地方，在湿度大降水量多的地方以黄色为主，在相对干旱蒸发量大的地区则以红色为基调，质地黏重，核块状、短菱柱状结构，土壤紧实板结，下部与岩石直接相接处颜色较浅，有少量岩石碎屑。

剖面 1

类型：棕色石灰土(中国土壤发生分类，1987)

　　　钙质湿润淋溶土(中国土壤系统分类，1995)

采集地点：贵州省荔波县茂兰保护区饶古村，海拔 791 m，经纬度 N 25.30064°、E 107.97433°，地面无侵蚀，天然林、石质山地，乔木主要为马尾松、青冈、枫香，灌木为光叶山矾、朴树、香叶木等，草本为五节芒、薹草、蕨等，郁闭度 0.7，母岩为石灰岩，母质为残积物。

A 层，0~20 cm，颜色：湿为棕黑色，10YR5/3，潮，层次过渡不明显，块状、粒状、团粒结构，紧实，多根系，强烈碳酸盐反应，石砾含量 5%，重壤。

BC 层，20~36 cm，颜色：湿为棕黄色，7.5YR6/3，潮，层次过渡明显，块状、柱状结构，极紧实，根系中量，强烈碳酸盐反应，黏质，无新生体，无侵入体。

R 层，36 cm 以下，颜色：湿为灰白，层次过渡明显，有剧烈碳酸盐反应。

石灰土剖面 1

剖面 2

类型：黑色石灰土(中国土壤发生分类，1987)

普通黑色岩性均腐土(中国土壤系统分类，1995)

采集地点：贵州省荔波饶古村，海拔 889 m，经纬度 N 25.30256°、E 107.95050°，地面无侵蚀，天然常绿阔叶林，乔木为青冈、大叶青冈、圆果化香、棱叶海桐等，灌木为香叶木、山矾、化香等，草本为薹草、蕨、黄精、鹿角蕨等，郁闭度 0.8，母岩为石灰岩，母质为残积物。

O 层，6~0 cm。枯落物层，湿，白色菌丝体，无侵入体。

A 层，0~17 cm，颜色：湿为黑，10YR5/3。潮，层次过渡明显，粒状结构，松散，多根系，有弱碳酸盐反应，石砾含量 20%，轻壤，新生体为菌丝，有蚯蚓。

BC 层，17~36 cm，颜色：湿为暗棕，7.5YR6/3。潮，层次过渡明显，块状、粒状、核状结构，疏松，多根系，强碳酸盐反应，石砾含量 70%，中壤，新生体为铁锰胶膜。

R 层，>36 cm，潮，层次过渡明显，有剧烈碳酸盐反应。

石灰土剖面 2

剖面 3

类型：石灰土(中国土壤发生分类，1987)

　　普通白色岩性均腐土(中国土壤系统分类，1995)

采集地点：贵州省荔波饶古村，海拔 1008 m，经纬度 N 25.30231°、E 107.95267°，地面无侵蚀，天然常绿阔叶林，乔木为青冈、杨梅、枫香等，灌木为杨梅、蔷薇、川莓、光叶山矾等，草本为蕨、五节芒、黄精等，郁闭度 0.7，母岩为石灰岩，母质为残积物。

A 层，0~20 cm，颜色：湿为黑，10YR5/3。潮，层次过渡明显，粒状结构，疏松，多根系，弱碳酸盐反应，石砾含量 20%，轻壤，新生体为白色菌丝，有蚯蚓。

B 层，20~55 cm，颜色：湿为暗棕，7.5YR6/3。潮，层次过渡明显，块状、粒状结构，紧实，根系中量，弱碳酸盐反应，石砾含量 70%，中壤，新生体为铁锰胶膜。

C 层，>55 cm，潮，层次过渡不明显，块状、粒状结构，紧实，根系中量，有剧烈碳酸盐反应。粉砂壤土，无新生体，无侵入体。

石灰土剖面 3

第十一节　紫色土

紫色土是热带、亚热带地区，由中生代紫色砂页岩风化发育形成的初育土。为中国系统分类中的紫色湿润雏形土。主要见四川盆边、重庆市、云南中部，贵州也有少量出现。由于岩石易物理风化，在原生植被遭到破坏以后，水土流失严重而导致紫色岩石直接裸露，常形成低山丘陵地貌。

剖　面

类型：紫色土(中国土壤发生分类，1987)

酸性紫色湿润雏形土(中国土壤系统分类，1995)

采集地点：云南省丽江市老君山，海拔 3501 m，经纬度 N 26.64167°、E 99.76681°，无地面侵蚀，天然针阔混交林，乔木为刺槐、冷杉，灌木为杜鹃，郁闭度 0.75，母岩为紫色砂岩，母质为残积物。

A 层，0~29 cm，颜色：湿为暗棕，10YR6/3。潮，层次过渡逐渐，粒状结构，疏松，多根系，无碳酸盐反应，石砾含量 10%，轻壤，新生体为白色菌丝体。

B_1 层，29~75 cm，颜色：湿为黄红紫。湿，层次过渡逐渐，团粒结构，适中，少根系，无碳酸盐反应，石砾含量 30%，粉砂壤，新生体为白色菌丝体。

B_2 层，75～150 cm，颜色：湿为黄红紫。湿，层次过渡逐渐，核状、团粒结构，适中，少根系，无碳酸盐反应，石砾含量 30%，粉砂壤，新生体为白色菌丝体。

BC 层，>150 cm，颜色：湿为紫红棕。重湿，层次过渡明显，根系无，适中，无碳酸盐反应，石砾含量 40%，黏壤土，新生体为铁锰胶膜。

紫色土剖面

第七章　华中地区

第一节　区域介绍

华中地区，包括河南、湖北、湖南三省，地形地貌以岗地、平原、丘陵、盆地、山地为主，主要山脉有嵩山、桐柏山、武当山、衡山等，本区属温带季风气候和亚热带季风气候，气候以秦岭—淮河为分界线，淮河以北为温带季风气候，以南为亚热带季风气候，雨量集中于夏季，冬季北部常有大雪，通常集中在河南省境内。河南由南向北年平均气温为15.7~12.1℃，常年平均降水量532.5~1380.6 mm，降雨以6~8月份最多，年平均日照1848.0~2488.7小时，全年无霜期189~240天；湖北多年平均实际日照时数为1100~2150小时。全省年平均气温15~17℃；湖南位于长江以南，纬度偏低，为大陆性特征明显的中亚热带季风性湿润气候。由于水热条件的分异以及植被类型的差异，湖北境内可分为中亚热带常绿阔叶林地带和北亚热带常绿、落叶阔叶混交林地带等两个植被带。湖北省土壤自南而北呈现两个水平地带：即中亚热带的红壤和黄壤地带，北亚热带的黄棕壤地带。在同一地带内，因受地貌的影响，土壤又呈垂直分布规律。如黄棕壤地带垂直分布有黄棕壤、黄褐土、山地黄棕壤，高山地区还有少量棕壤。除这些地带性土壤外，因受母质、水文及人类活动等影响，湖北省森林区域还分布有较大面积的非地带性土壤，如石灰土、紫色土、山地草甸土等，土壤分布复杂。湖南省以山丘为主，地带性植被为常绿阔叶林，植物种类组成丰富，山地土壤有明显的垂直分布规律，垂直带谱基带土壤为红壤，红壤以上依次是黄红壤、黄壤、暗黄棕壤和山地草甸土。河南省森林属于暖温带南部落叶阔叶林向北亚热带落叶常绿针阔混交林过渡的地带性森林，主要森林土壤类型有棕壤，黄褐土，棕壤，褐土，潮土，砂姜黑土等。

第二节　黄棕壤

剖面 1

类型：黄棕壤(中国土壤发生分类，1987)

铁质湿润淋溶土(中国土壤系统分类，1995)

采集地点：湖北省荆门市京山县虎爪山林场花棚，海拔275.0 m，经纬度N 31°07′28.90″、E 112°85′39.30″，乔木为栓皮栎、黄连木，灌木为山胡椒、牡荆，草本为淡竹叶、常春藤、兔儿伞，轻度片蚀，郁闭度0.65，坡积物母质。

O层，5~0 cm，湿，明显过渡，平整过渡形态，松散，少量根，无碳酸盐反应，无新

黄棕壤剖面 1

生体，无入侵体。

A 层，0~4 cm，湿，逐渐过渡，倾斜过渡形态，团粒状结构，疏松，少量根，壤土，无碳酸盐反应，新生体结核，铁锰质，石砾含量极少(0~5%)。

B_1 层，4~21 cm，湿，模糊过渡，波状过渡形态，块状结构，适中，黏壤土，中量根，轻度碳酸盐反应，新生体为铁锰结核，石砾含量少(5%~10%)。

B_2 层，21~96 cm，湿，明显过渡，平整过渡形态，块状结构，适中，黏壤土，中量根，中度碳酸盐反应，新生体为铁锰结核，石砾含量中(10%~20%)。

BC 层，96~146 cm，重湿，明显过渡，舌状过渡形态，块状结构，适中，黏壤土，少量根，中度碳酸盐反应，新生体为铁锰结核，石砾含量少(5%~10%)。

剖面 2

类型：黄棕壤(中国土壤发生分类，1987)

铁质湿润淋溶土(中国土壤系统分类，1995)

采集地点：湖北省襄阳市保康县大水林场千仗坪，海拔 1592 m，经纬度 N 31°68′35.0″、E 111°35′03.0″，乔木为锐齿槲栎，灌木为悬钩子、箭竹、青窄槭，草本为茅草、薹草、阔鳞鳞毛蕨，轻度片蚀，郁闭度 0.85，坡积物母质。

O 层，3~0 cm，湿，突然过渡，波状过渡形态，松散，多量根，无碳酸盐反应，无新生体，无侵入体。

黄棕壤剖面 2

A 层，0~11 cm，湿，逐渐过渡，波状过渡形态，块状结构，疏松，多量根，壤土，中碳酸盐反应，无新生体，无侵入体。

B_1 层，11~74 cm，湿，逐渐过渡，波状过渡形态，块状结构，疏松，壤土，中量根，中度碳酸盐反应，新生体为铁锰结核。

B_2 层，74~124 cm，重湿，逐渐过渡，倾斜过渡形态，块状结构，适中，黏壤土，少量根，中度碳酸盐反应，新生体为铁锰结核。

C 层，124~149 cm，重湿，过渡不明显，波状过渡形态，块状结构，紧实，黏壤土，无根，强度碳酸盐反应，新生体为铁锰结核。

剖面 3

类型：黄棕壤(中国土壤发生分类，1987)

铁质湿润淋溶土(中国土壤系统分类，1995)

采集地点：湖北省黄冈市红安县天台山林场，海拔 568.9 m，经纬度 N 31°57′02.50″、E 114°63′55.60″，乔木为杉木、马尾松、化香，灌木为小蜡、五裂槭、杜鹃，草本为阔鳞鳞毛蕨、日本薯蓣、野青茅，轻度片蚀，郁闭度 0.9，坡积物母质。

O 层，5~0 cm，湿度：潮，过渡明显，平整过渡形态，松散，多量根，无碳酸盐反应，无新生体，无入侵体。

A 层，0~12 cm，潮，逐渐过渡，平整过渡形态，团粒状结构，疏松，多量根，壤土，

黄棕壤剖面 3

无碳酸盐反应，无新生体，无侵入体。

AB 层，12~35 cm，潮，逐渐过渡，波状过渡形态，粒状结构，疏松，砂壤土，中量根，轻度碳酸盐反应，新生体为铁锰结核，石砾含量极少(0~5%)。

B 层，23 cm，潮，明显过渡，舌状过渡形态，粒状结构，适中，砂壤土，中量根，中度碳酸盐反应，新生体为铁锰结核，石砾含量极少(0~5%)。

C 层，15 cm，潮，模糊过渡，波状过渡形态，粒状结构，紧实，砂壤土，少量根，中度碳酸盐反应，新生体为铁锰结核，石砾含量极少(0~ 5%)。

第三节 黄 壤

剖面 1

类型：黄壤(中国土壤发生分类，1987)

铝质常湿淋溶土(中国土壤系统分类，1995)

采集地点：湖北省十堰市丹江口市龙口林场，海拔 196.0 m，经纬度 N 32°67′16.70″、E 111°19′69.40″，乔木为马尾松，灌木为栓皮栎、盐肤木、藤构，草本为马兰、白茅，轻度片蚀，郁闭度 0.6，坡积物母质。

A_0 层，3~0 cm，干，突然过渡，平整过渡形态，疏松，无根，粉砂壤土，无碳酸盐

黄壤剖面 1

反应，无新生体，无侵入体。

A 层，0~8 cm，干，突然过渡，波状过渡形态，团粒状结构，疏松，少量根，粉砂壤土，强度碳酸盐反应，无新生体，无侵入体。

B 层，8~21.5 cm，干，明显过渡，波状过渡形态，块状结构，适中，粉砂壤土，中量根，强度碳酸盐反应，无新生体，无侵入体。

C 层，21.5~28.7 cm，干，明显过渡，平整过渡形态，块状结构，紧实，粉砂壤土，无根，强度碳酸盐反应，无新生体，无侵入体。

剖面 2

类型：黄壤(中国土壤发生分类，1987)

铝质常湿淋溶土(中国土壤系统分类，1995)

采集地点：湖南省郴州市宜章县莽山国家级自然保护区，海拔 1220 m，经纬度 N 24°94′99.6″、E 112°93′12.6″，植被为羊角杜鹃、苦槠、铁芒萁，中度片蚀，郁闭度 0.75，残坡积物母质。

A 层，0~22 cm，黄棕色，湿，明显过渡，平整过渡形态，团粒状结构，疏松，多量根，壤土，轻度碳酸盐反应，无新生体，无侵入体。

B 层，22~89 cm，黄色，重湿，逐渐过渡，平整过渡形态，团粒状结构，疏松，砂壤

黄壤剖面 2

土，少量根，轻度碳酸盐反应，无新生体，无侵入体。

C 层，>109 cm，重湿，逐渐过渡，平整过渡形态，团粒状结构，适中，砂壤土，无根，轻度碳酸盐反应，无新生体，无侵入体。

剖面 3

类型：黄壤(中国土壤发生分类，1987)

铝质常湿淋溶土(中国土壤系统分类，1995)

采集地点：河南省洛阳市嵩县大坪乡陶村林场，海拔 1006 m，经纬度 N 34°14′34.68″、E 111°51′56.75″，植被为栎树、黄栌、连翘，轻度沟蚀，郁闭度 0.6，残坡积物母质。

A_0 层，3~0 cm，黑色，较湿，明显过渡，无新生体，无侵入体。

A_1 层，0~10 cm，暗褐色，较湿，明显过渡，平整过渡形态，片状结构，适中，砂壤土，较多根，无新生体，侵入体为砾石。

B_1 层，10~20 cm，暗褐色，较湿，明显过渡，平整过渡形态，片状结构，适中，砂壤土，较少根，无新生体，侵入体为砾石。

B_2 层，20~40 cm，暗褐色，较湿，明显过渡，平整过渡形态，片状结构，适中，砂壤土，较少根，无新生体，侵入体为砾石。

黄壤剖面 3

第四节　棕　壤

剖面 1

类型：棕壤(中国土壤发生分类，1987)

简育湿润淋溶土(中国土壤系统分类，1995)

采集地点：河南省洛阳市嵩县大坪乡陶村林场，海拔 712 m，经纬度 N 34°27′75.9″、E 111°93′31.4″，植被为栎树、枣树、狗牙根，轻度、沟蚀，郁闭度 0.4，残坡积物母质。

A_0 层，3~0 cm，黑色，较湿，明显过渡，无新生体，无侵入体。

A 层，0~10 cm，暗褐色，湿，明显过渡，平整过渡形态，片状结构，适中，砂壤土，中等根，无新生体，侵入体为砾石。

B_1 层，10~20 cm，暗褐色，较湿，明显过渡，平整过渡形态，片状结构，适中，砂壤土，较少根，无新生体，无侵入体。

B_2 层，20~40 cm，暗褐色，较湿，明显过渡，平整过渡形态，片状结构，适中，砂壤土，较少根，无新生体，无侵入体。

棕壤剖面 1

剖面 2

类型：棕壤(中国土壤发生分类，1987)

简育湿润淋溶土(中国土壤系统分类，1995)

采集地点：湖北省神农架林区木鱼镇酒壶坪，海拔 1933.6 m，经纬度 N 31°50′63.90″、E 110°34′27.80″，植被为锐齿槲栎、淡红忍冬、卫矛、白苞芹、长萼堇菜、大叶落新妇、沙参，轻度片蚀，郁闭度 0.7，坡积物母质。

O 层，2~0 cm，重湿，明显过渡，平整过渡形态，团粒状结构，松散，少量根，无碳酸盐反应，无新生体，无侵入体。

A 层，0~8 cm，重湿，明显过渡，波状过渡形态，团粒结构，疏松，黏壤土，多量根，中度碳酸盐反应，无新生体，无侵入体。

B_1 层，8~85 cm，重湿，明显过渡，倾斜过渡形态，粒状结构，适中，壤土，中量根，中度碳酸盐反应，无新生体，无侵入体。

B_2 层，85~148 cm，极湿，模糊过渡，倾斜过渡形态，粒状结构，适中，壤土，少量根，中度碳酸盐反应，无新生体，无侵入体。

棕壤剖面 2

剖面 3

类型：棕壤(中国土壤发生分类，1987)

简育湿润淋溶土(中国土壤系统分类，1995)

采集地点：湖北省黄冈市红安县天台山林场黄杨寨，海拔 583.5 m，经纬度 N 31°57′03.00″、E 114°63′79.50″，植被为短柄枹栎、黄檀、化香、杜鹃、朴树、三脉紫菀、寻骨风、大油芒，轻度片蚀，郁闭度 0.8，坡积物母质。

O 层，5~0 cm，潮，明显过渡，平整过渡形态，松散，多量根，无碳酸盐反应，无新生体，无侵入体。

A 层，0~12 cm，潮，逐渐过渡，平整过渡形态，团粒结构，疏松，壤土，多量根，无碳酸盐反应，无新生体，无侵入体。

AB 层，12~35 cm，潮，逐渐过渡，波状过渡形态，粒状结构，疏松，砂壤土，中量根，轻度碳酸盐反应，新生体为铁锰结核，石砾含量极少(0~5%)，无侵入体。

B 层，35~58 cm，潮，明显过渡，舌状过渡形态，粒状结构，适中，砂壤土，中量根，中度碳酸盐反应，新生体为铁锰结核，石砾含量极少(0~5%)，无侵入体。

C 层，58~73 cm，潮，模糊过渡，波状过渡形态，粒状结构，紧实，砂壤土，少量

棕壤剖面 3

根，中度碳酸盐反应，新生体为铁锰结核，石砾含量极少(0~5%)，无侵入体。

第五节　红　壤

剖面 1

类型：红壤(中国土壤发生分类，1987)

黏化湿润富铁土(中国土壤系统分类，1995)

采集地点：湖南省长沙市书堂山森林公园，海拔 145.0 m，经纬度 N 28°24′01.3″、E 112°52′26.2″，植被为樟树、杉木、苦楝、白栎、油茶、鳞毛蕨，中度片蚀，郁闭度 0.9，残坡积物母质。

O 层，1~0 cm，潮，无过渡，无碳酸盐反应，无新生体，无侵入体。

A 层，0~8 cm，潮，逐渐过渡，平整过渡形态，粒状结构，疏松，壤土，少量根，轻度碳酸盐反应，无新生体，无侵入体。

B 层，>88 cm，湿，模糊过渡，平整过渡形态，粒状结构，疏松，壤土，少量根，轻度碳酸盐反应，无新生体，无侵入体。

红壤剖面 1

剖面 2

类型：红壤(中国土壤发生分类，1987)

黏化湿润富铁土(中国土壤系统分类，1995)

采集地点：湖南省衡阳市衡山县衡山国家级自然保护区，海拔 639.0 m，经纬度 N 27°27′54.0″、E 112°69′82.7″，植被为枫香、杉木、马尾松、山檵、南天竹、白蜡、油点草、多花黄精、三脉紫菀，中度片蚀，郁闭度 0.7，残坡积物母质。

O 层，1~0 cm，无过渡，无碳酸盐反应，无新生体，无侵入体。

A 层，0~30 cm，红色，湿，逐渐过渡，平整过渡形态，团粒状结构，疏松，壤土，中量根，轻度碳酸盐反应，无新生体，无侵入体。

B_1 层，30~75 cm，红色，湿，模糊过渡，平整过渡形态，团粒状结构，疏松，壤土，少量根，轻度碳酸盐反应，无新生体，无侵入体。

B_2 层，>165 cm，黄色，湿，模糊过渡，平整过渡形态，团粒状结构，疏松，壤土，中量根，轻度碳酸盐反应，无新生体，无侵入体。

红壤剖面 2

剖面 3

类型：红壤(中国土壤发生分类，1987)

黏化湿润富铁土(中国土壤系统分类，1995)

采集地点：湖南省湘潭市齐白石森林公园，海拔 70.0 m，经纬度 N 27°51′89.1″、E 112°86′45.4″，植被为马尾松、樟、油茶、栀子、芒、蕨，轻度沟蚀，郁闭度 0.8，坡积物母质。

O 层，1~0 cm，无过渡，无碳酸盐反应，无新生体，无侵入体。

A 层，0~12 cm，红色，潮，明显过渡，倾斜过渡形态，团粒状结构，紧实，壤土，中量根，轻度碳酸盐反应，无新生体，无侵入体。

B 层，>79 cm，红色，潮，明显过渡，倾斜过渡形态，团粒状结构，紧实，壤土，少量根，轻度碳酸盐反应，无新生体，无侵入体。

红壤剖面 3

第六节　石灰土

剖　面

类型：石灰土(中国土壤发生分类，1987)

钙质常湿雏形土(中国土壤系统分类，1995)

采集地点：湖南省湘西州龙山县万宝山林场，海拔 903.0 m，经纬度 N 29°59′80.5″、E 109°65′51.8″，植被为桤木、杉木、苎麻、悬钩子、紫菀、茅草，中度沟蚀，郁闭度 0.7，坡积物母质。

O 层，10~0 cm，无过渡，无碳酸盐反应，无新生体，无侵入体。

A 层，0~27 cm，黄色，潮，模糊过渡，紧实过渡形态，团粒状结构，疏松，壤土，中量根，中度碳酸盐反应，无新生体，无侵入体。

B 层，27~67 cm，黄色，潮，逐渐过渡，紧实过渡形态，团粒状结构，适中，壤土，少量根，中度碳酸盐反应，无新生体，无侵入体。

C 层，>97 cm，黄色，潮，无过渡，紧实过渡形态，团粒状结构，适中，壤土，无根，中度碳酸盐反应，无新生体，无侵入体。

石灰土剖面

第七节 黄褐土

剖 面

类型：黄褐土(中国土壤发生分类，1987)

铁质湿润淋溶土(中国土壤系统分类，1995)

采集地点：湖北省襄阳市襄城区襄阳市国营林场凤凰山，海拔 86.8 m，经纬度 N 31°99′61.90″、E 112°16′13.80″，植被为女贞、樟树、井栏边草，中度片蚀，郁闭度 0.8，坡积物母质。

O 层，8~0 cm，干，明显过渡，平整过渡形态，松散，少量根，无碳酸盐反应，新生体为铁锰结核，无侵入体。

A 层，0~5 cm，潮，突然过渡，平整过渡形态，块状结构，疏松，黏壤土，中量根，

黄褐土剖面

轻度碳酸盐反应，新生体为铁锰结核，无侵入体。

B_1 层，5～55 cm，潮，逐渐过渡，平整过渡形态，柱状结构，紧实，黏壤土，中量根，中度碳酸盐反应，新生体为铁锰结核，无侵入体。

B_2 层，55～121 cm，潮，逐渐过渡，平整过渡形态，柱状结构，紧实，黏壤土，少量根，中度碳酸盐反应，新生体为铁锰结核，无侵入体。

C 层，121～137 cm，潮，突然过渡，倾斜过渡形态，柱状结构，极紧实，黏壤土，无根，强度碳酸盐反应，新生体为铁锰结核，无侵入体。

第八章　西北地区

第一节　区域介绍

西北地区包括我国行政区划中的新疆、青海、甘肃、宁夏、陕西5个省(自治区)。此地区气候干旱、环境恶劣，水土流失、沙尘暴、荒漠化格外突出和严重，防风固沙、保持水土、涵养水源、农田防护等是森林的主要功能，森林本身及其土壤很有特色。

森林土壤的分布综合决定于气候、地形地貌、母质、植被和人为因素等的组合。西北地区远离海洋，受季风影响较弱，水汽供应较少，从东南向西北基本上依次为半湿润、半干旱、干旱气候，水分不足是限制森林分布与生长的最重要因素，在高海拔地区和山地的低温也是重要限制因子。因此，西北地区的森林覆盖率低，森林和森林土壤面积总体较小。森林土壤和森林一样，都随纬度呈带状变化，如寒温带主要分布棕色针叶林土、温带主要分布暗棕壤、暖温带主要分布棕壤和褐土。此外，西北地区剧烈的地形起伏、多样的地貌类型，也显著影响了土壤的空间分布，荒漠草原中的山地能承受部分海洋气流余泽，气候相对湿润，在山地一定高度处可形成以暗针叶林为主的森林带(中国林业科学研究院林业研究所，1986)。

西北地区森林土壤分布与森林一样，多分布在温带，一类是在较高山地的森林土壤，如贺兰山、天山、阿尔泰山等，有灰褐森林土、灰色森林土等；另一类是某些干旱地区特有的森林土壤，如胡杨林土壤。西北地区森林土壤还分布在青藏高原的北缘及东北缘，因地势急剧升高，形成了类型复杂的高山峡谷森林土壤垂直分布带，如东祁连山一带，以温带荒漠土灰棕漠土为基带，上部的森林土壤以灰褐森林土为主。这些土壤的垂直分布都以草原或荒漠土壤为基带，在一定高度上才出现森林土壤带，垂直带谱上普遍出现一些中性偏碱而有石灰反应的干性森林土壤。在甘肃南部和陕西南部的秦岭以南地区，分布着亚热带山地森林土壤带，形成了黄棕壤-山地棕壤-山地暗棕壤-亚高山森林草甸土-高山草甸土的垂直分布。

此外，因西北地区土壤垂直带谱特点显著，选取了相邻草原或灌丛土壤带的典型剖面，如亚高山草甸土、栗钙土、黑钙土、灰钙土等，供作为森林土壤对照参考。

第二节　灰褐土

灰褐土剖面 1

剖面 1

采集地点：宁夏银川市贺兰山苏峪口国家森林公园，海拔 2030.3 m，植被为油松、薹草等，土壤为灰褐土。

土壤剖面描述：

O 层，+3~0 cm，暗灰色，干，粒状结构，松散，根量多，砂质轻壤，无新生体，无侵入体。

A 层，0~16 cm，黄棕色，干，波状过渡，粒状结构，疏松，根量多，轻壤，无新生体，无侵入体。

B 层，16~70 cm，浅黄棕色，干，波状过渡，粒状结构，适中，根量少，轻壤，无新生体，无侵入体。

C 层，70~92 cm，灰白色，干，平整过渡，粒状结构，适中，根量少，重壤，无新生体，无侵入体。

灰褐土剖面 2

剖面 2

采集地点：宁夏六盘山北部叠叠沟小流域，海拔 2129 m，坡度 15°，坡向西北，上坡位。主要植被有华北落叶松、绣线菊、虎榛子、铁杆蒿等。土壤为灰褐土。

土壤剖面描述：

O 层，+2 ~ 0 cm，暗灰色，潮，粒状结构，疏松，根量多，砂壤，无新生体与侵入体。

A 层，0~7 cm，暗灰褐色，潮，波状过渡，粒状结构，疏松，根量中等，砂壤，无新生体与侵入体。

B 层，7~35 cm，暗灰褐色，潮，波状过渡，粒状结构，疏松，根量少，砂壤，无新生体与侵入体。

C 层，35~40 cm，棕褐色，潮，平整过渡，块状结构，根量适中，砂壤，有较多石砾。

灰褐土剖面 3

剖面 3

采集地点：宁夏六盘山北部叠叠沟小流域，海拔 2048 m，坡度 38°，坡向西北，下坡位。主要植被有华北落叶松、绣线菊、虎榛子、铁杆蒿等。土壤为灰褐土。

土壤剖面描述：

O 层，+7~0 cm，灰色，湿，粒状结构，松散，根量多，砂质轻壤，无新生体，无侵入体。

A 层，0~22 cm，暗灰褐色，湿，平整过渡，块状结构，疏松，根量较多，轻壤，无新生体，无侵入体。

B 层，16~67 cm，棕褐色，湿，波状过渡，块状结构，适中，根量中等，中壤，无新生体，无侵入体。

C 层，70~98 cm，淡棕黄色，潮，波状过渡，块状结构，适中，根量少，中壤，无新生体，无侵入体。

灰褐土剖面 4

剖面 4

采集地点：甘肃祁连山中部西水林区，海拔 2994 m，坡向西北。主要植被有青海云杉、金露梅、银露梅、披针薹草、珠芽蓼、马先蒿等。土壤为灰褐土。

土壤剖面描述：

O 层，+4~0 cm，深黑灰色，湿，粒状结构，松散，根量多，轻壤，新生体有腐殖质胶膜，无侵入体。

A 层，0~6 cm，深黑灰色，湿，波状过渡，粒状结构，疏松，根量多，轻壤，新生体有腐殖质胶膜，无侵入体。

B 层，6~63 cm，黑灰色，湿，波状过渡，粒状结构，适中，根量多，中壤，新生体有腐殖质胶膜，无侵入体。

C 层，>63 cm，深棕色，湿，舌状过渡，块状结构，适中，根量多，中壤，无新生体，无侵入体。

灰褐土剖面 5

剖面 5

采集地点：陕西省延安市黄龙山林业局官庄林场，海拔 1123.7 m，坡度 23°，坡向南。主要植被有油松、薹草、唐松草等。土壤为灰褐土。

土壤剖面描述：

O 层，+3～0 cm，深灰色，潮，粒状结构，松散，根量多，轻壤，无新生体，无侵入体。

A 层，0～14 cm，浅棕色，潮，平整过渡，粒状结构，疏松，根量多，轻壤，无新生体，无侵入体。

B 层，14～71 cm，黄棕色，潮，平整过渡，粒状结构，紧实，根量少，中壤，无新生体，无侵入体。

C 层，71～98 cm 以上，淡棕色，干，平整过渡，块状结构，紧实，根量无，中壤，无新生体，无侵入体。

灰褐土剖面 6

剖面 6

采集地点：陕西省延安市黄龙山林业局官庄林场，海拔 1161 m，坡度 15°，坡向南。林窗草地，主要植被有猪毛蒿、针茅等，盖度约 80%。土壤为灰褐土。

土壤剖面描述：

O 层，+5~0 cm，深灰色，重湿，粒状结构，松散，根量多，轻壤，无新生体，无侵入体。

A 层，0~22 cm，淡棕色，重湿，波状过渡，粒状结构，疏松，根量多，轻壤，无新生体，无侵入体。

B 层，22~75 cm，黄棕色，潮，波状过渡，粒状结构，适中，根量中等，中壤，无新生体，无侵入体。

C 层，>75 cm，暗棕色，潮，平整过渡，块状结构，适中，根量少，中壤，无新生体，无侵入体。

第三节　黄绵土

剖面 1

采集地点：宁夏固原市彭阳县红河乡上王马坪村，海拔 1471 m，坡向北。造林 10 年，

黄绵土剖面 1

主要植被有杏树、柠条、白莲蒿、薹草、地肤等。土壤为黄绵土。

土壤剖面描述：

O 层，+0.5~0 cm，暗棕色，干，粒状结构，松散，根量多，轻壤，无新生体，无侵入体。

A 层，0~51 cm，棕色，干，平整过渡，粒状结构，松散，根量中量，轻壤，无新生体，无侵入体。

B 层，>51 cm，棕色，干，平整过渡，粒状结构，紧实，根量少量，轻壤，无新生体，无侵入体。

剖面 2

采集地点：甘肃平凉市泾川县官山林场，海拔 1275.1 m，坡度 21°，坡向北。造林 25 年，主要植被有刺槐等。土壤为黄绵土。

土壤剖面描述：

O 层，+3~0 cm，暗灰色，干，粒状结构，疏松，根量多，砂壤，无新生体与侵入体。

A 层，0~10 cm，浅棕色，干，波状过渡，块状结构，紧实，根量多，中壤，无新生体与侵入体。

黄绵土剖面 2

B 层，10~62 cm，黄棕色，干，波状过渡，块状结构，紧实，根量少，中壤，无新生体与侵入体。

C 层，>62 cm，浅黄棕色，干，平整过渡，块状结构，紧实，根量极少，中壤，无新生体与侵入体。

剖面 3

采集地点：甘肃平凉市泾川县官山林场，海拔 1288.2 m，坡度 11°，坡向北。农田对照。土壤为黄绵土。

土壤剖面描述：

A 层，0~6 cm，浅棕色，干，块状结构，疏松，根量较少，中壤，无新生体，无侵入体。

B 层，6~47 cm，黄棕色，干，波状过渡，块状结构，适中，根量极少，中壤，无新生体，无侵入体。

C 层，>47 cm，黄棕色，干，波状过渡，块状结构，适中，根量极少，中壤，无新生体，无侵入体。

黄绵土剖面 3

第四节　红黏土

红黏土剖面

剖　面

采集地点：宁夏固原市彭阳县红河乡什字村，海拔 1520 m，坡向北。造林 10 年，主要植被有旱柳、杏树、沙棘、白莲蒿等。土壤为红黏土。

土壤剖面描述：

O 层，+0. 5~0 cm，暗灰色，湿，粒状结构，松散，根量多，壤土，无新生体与侵入体。

A 层，0~21 cm，红棕色，湿，倾斜过渡，粒状结构，松散，根量少，壤黏土，无新生体与侵入体。

B 层，21~109 cm，暗红色，重湿，倾斜过渡，团粒状结构，疏松，根量少，黏土，无新生体与侵入体。

C 层，>109 cm，红棕色，湿，平整过渡，团粒状结构，紧实，根量无，黏土，无新生体与侵入体。

第五节 亚高山草甸土

亚高山草甸土剖面

剖 面

采集地点：甘肃祁连山中部西水林区，海拔 3283 m，坡向西南。主要植被有金露梅、薹草、针茅、委陵菜、火绒草、珠芽蓼等。亚高山草原带土壤典型剖面。

土壤剖面描述：

O 层，+3~0 cm，浅灰色。

A 层，0~12 cm，浅黑棕色，湿，波状过渡，粒状结构，适中，根量多，壤土，有腐殖质胶膜。

B 层，12~97 cm，深灰色，湿，波状过渡，粒状结构，紧实，根量中量，壤土，有腐殖质胶膜。

第六节 栗钙土

剖 面

采集地点：甘肃祁连山中部西水林区，海拔 2558 m，坡向西南。主要植被有鲜黄小檗、针茅、冰草、狼毒、狗娃花、委陵菜、蒲公英等。栗钙土典型剖面。

土壤剖面描述：

O 层，0~1. 8 cm，浅灰色。

A 层，1. 8~3. 5 cm，浅黑棕色，湿，平整过渡，粒状结构，适中，根量多，壤土，有结核。

B 层，3. 5~80. 7 cm，深灰色，湿，平整过渡，粒状结构，紧实，根量中，壤土，有结核。

C 层，80. 7 cm 以下，深灰色，湿，平整过渡，粒状结构，紧实，根量少，粉砂壤土，有结核。

栗钙土剖面

第七节　黑钙土

剖　面

采集地点：宁夏银川市贺兰山苏峪口国家森林公园，海拔 1663.8 m，坡度 18°，坡向北。主要植被有蒙古扁桃、黄刺玫、西山委陵菜、白莲蒿等。土壤为黑钙土。

土壤剖面描述：

O 层，+2~0 cm，暗灰色，干，粒状结构，适中，根量多，砂壤土，无新生体，无侵入体。

A 层，0~5 cm，灰棕色，干，波状过渡，块状结构，紧实，根量中，砾石土，无新生体，无侵入体。

B 层，5~39 cm，浅黄棕色，干，波状过渡，块状结构，紧实，根量少，砾石土，无新生体，无侵入体。

C 层，39~50 cm，浅棕色，干，波状过渡，块状结构，紧实，根量少，砾石土，无新生体，无侵入体。

黑钙土剖面

第八节　灰钙土

剖　面

采集地点：宁夏银川市贺兰山苏峪口国家森林公园，海拔 1319.7 m，坡顶平地。主要植被有猪毛蒿、针茅等。土壤为灰钙土。

土壤剖面描述：

O 层，+4~0 cm，暗灰色，干，粒状结构，疏松，根量多，砂壤，无新生体，无侵入体。

A 层，0~11 cm，灰棕色，干，波状过渡，粒状结构，适中，根量少，壤土，无新生体，无侵入体。

B 层，11~58 cm，黄棕色，干，平整过渡，块状结构，紧实，根量少，壤土，无新生体，无侵入体。

C 层，58~82 cm，浅棕色，干，平整过渡，块状结构，紧实，根量无，砾石土，无新生体，无侵入体。

灰钙土剖面

参考文献

波格来勃涅克，1959. 林型学原理[M]. 北京：科学出版社：24-247.

丰绪霞，刘兆刚，张海玉，等，2010. 基于RS和GIS帽儿山林场森林立地分类及质量评价[J]. 东北林业大学学报，38(8)：27-30.

国家林业和草原局，2019. 中国森林资源报告(2014~2018)[M]. 北京：中国林业出版社.

黄瑞采，1979. 西欧土壤生成、类及其应用和存在问题[A]//土壤分类及地理论文集[M]. 杭州：浙江人民出版社.

蒋航，李亚光，周延夫，等，2010. 基于GIS的密云县水源涵养林区立地类型分类制图[J]. 水土保持通报，30(6)：103-106.

林业部调查设计局，1954. 大兴安岭森林综合调查报告(数表、林型、土壤卷)[R].

林业部调查设计局，1955. 长白山森林调查报告(数表、林型、土壤卷)[R].

林业部调查设计局，1955. 滇西北、四川木里森林综合调查报告(数表、林型、土壤卷)[R].

林业部调查设计局，1956. 小兴安岭森林综合调查报告(数表、林型、土壤卷)[R].

林业部调查设计局，1957. 秦岭森林综合调查报告(数表、林型、土壤卷)[R].

刘寿坡，1960. 横断山脉的高山灰化土[J]. 土壤学报，8(2)：122-127.

马明东，江洪，刘世荣，等，2006. 森林生态系统立地指数的遥感分析[J]. 生态学报，26(9)：2810-2816.

马溶之，1965. 中国山地土壤的地理分布规律[J]. 土壤学报，13(1)：1-7.

沈国舫，杨敏生，韩明波，1985. 京西山区油松人工林的适生立地条件及生长预测[J]. 林业科学，21(1)：10-19.

熊叶奇，1965. 再论我国西南林区暗针叶林带的土类问题[J]. 土壤学报，13(2)：242-243.

熊叶奇，鞠山见，田林杰，1958. 小兴安岭山地森林土壤初步研究[J]. 中国科学院林业土壤所集刊，第一号. 科学出版社.

用材林基地立地分类系统研究组，1990. 试论建立我国森林立地分类系统[J]. 林业科学，26(3)：262-270.

余其芬，唐德瑞，董有福，2003. 基于遥感与地理信息系统的森林立地分类研究[J]. 西北林学院学报，18(2)：87-90.

张万儒，1964. 关于西南高山地区冷杉林下土壤形成过程的若干资料(答熊叶奇同志)[J]. 土壤学报，12(1)：94-97.

张万儒，1996. 中国森林立地[M]. 北京：科学出版社.

张万儒，等，1991. 用材林基地立地分类、评价及适地适树研究[J]. 林业科学研究，6：649.

张万儒，等，1992. 中国森林立地分类系统[J]. 林业科学研究，5(3)：251-262.

张晓丽，游先祥，1998. 应用“3S”技术进行北京市森林立地分类和立地质量评价的研究[J]. 遥感学报，4：292-297.

中国森林立地分类编写组，1989. 中国森林立地分类[M]. 北京：中国林业出版社.

全国土壤普查办公室，1998. 中国土壤[M]. 北京：中国农业出版社.

山东省土壤肥料工作站，1994. 山东土壤[M]. 北京：中国农业出版社.

山西省土壤普查办公室，山西省土壤工作站，1992，山西土壤[M]. 北京：科学出版社.

中国林业科学研究院林业研究所，1986. 中国森林土壤[M]. 北京：科学出版社.

中国科学院南京土壤研究所土壤系统分类课题组，中国土壤系统分类课题研究协作组，1995. 中国土壤系统分类(修订方案)[M]. 北京：中国农业科技出版社.

Agriculture Canada Expert Committee on Soil Survey, 1987. The Canadiansystem of soil classification[M]. Ed 2. Ottawa: Canadian Government Publishing Centre.

Barger D, 1972. Forest site classification in Canada[J]. Mitt Vereinsforstl Standortsk u forstpflz (21): 20-36.

Eswaran. H, Rice T, Ahrens R, Stewart B A., 2002. Soil classification: a global desk reference[M]. Boca Raton, Fla.: CRC Press.

Frey T E A, 1985. 芬兰学派和森林立地型. 植物群落分类[M]. 北京：科学出版社: 60-80.

Killiam W, 1981. Site classification system used in forestry[J]. Proceeding of the Workshop on Land Evaluation for Forestry: 134-151.

Spurr S H, Barness B V, 1980. Forest ecology[M]. Ed. 3. JohnWiley and Sons: 297-336.

Xu XiaoHua, Xu Xin-Fa, Lei Sheng, et al, 2011. Soil Erosion Environmental Analysis of the Three Gorges Reservoir Area Based on the “3S” Technology[J]. Procedia Environmental Sciences, 10: 2218-2225.

Xuezheng Shi, Guoxiang Yang, Dongsheng Yu, et al, 2010. A WebGIS system for relating genetic soil classification of China to soil taxonomy[J]. Computers & Geosciences, 36(6): 768-775.

附录：

项目主要参加人员及单位

（以姓氏笔划为序）

姓　名	单　位
王晓荣	湖北省林业科学研究院
王彦辉	中国林业科学研究院森林生态环境与保护研究所
付　甜	湖北省林业科学研究院
田耀武	河南科技大学
朱建华	中国林业科学研究院森林生态环境与保护研究所
刘贤德	甘肃省祁连山水源涵养林研究院
孙向阳	北京林业大学
孙启武	中国林业科学研究院林业研究所
李秀珍	重庆市林业科学研究院
李洪飞	重庆市北碚区林业局
李素艳	北京林业大学
肖文发	中国林业科学研究院
吴立潮	中南林业科技大学林学院
佘　萍	宁夏农林科学院固原分院
余治家	宁夏农林科学院固原分院
沈雅飞	中国林业科学研究院森林生态环境与保护研究所
陈芳芳	中南林业科技大学理学院
陈金林	南京林业大学
陆树华	中国科学院广西植物研究所
呼　诺	北京林业大学
庞宏东	湖北省林业科学研究院
胡文杰	湖北省林业科学研究院
赵维俊	甘肃省祁连山水源涵养林研究院
厚凌宇	中国林业科学研究院林业研究所
骆土寿	中国林业科学研究院热带林业研究所
唐万鹏	湖北省林业科学研究院
黄志霖	中国林业科学研究院森林生态环境与保护研究所
崔鸿侠	湖北省林业科学研究院
崔晓阳	东北林业大学

续表

姓　名	单　位
彭　秀	重庆市林业科学研究院
董玉峰	山东省林业科学研究院
喻　武	西藏农牧学院
程瑞梅	中国林业科学研究院森林生态环境与保护研究所
曾立雄	中国林业科学研究院森林生态环境与保护研究所
雷　蕾	中国林业科学研究院森林生态环境与保护研究所
谭名照	重庆市林业科学研究院
潘　磊	湖北省林业科学研究院